HOLZARBEITEN

aus aller Welt

HOLZARBEITEN

aus aller Welt

Ein Anleitungsbuch für kreative Holzarbeiten

Verlag Paul Haupt
Bern · Stuttgart · Wien

Die australische Originalausgabe erschien bei
RD Press, Australien
unter dem Titel Woodcraft of the World

Aus dem Englischen übersetzt von
Jan Groeneweg, CH-Bern
Redaktion und Bearbeitung der deutschen
Ausgabe: Bücher-GmbH, D-Bayreuth

Die Deutsche Bibliothek –
CIP-Einheitsaufnahme

Holzarbeiten aus aller Welt :
ein Anleitungsbuch für kreative Holzarbeiten /
[aus dem Engl. übers. von Jan Groeneweg].
- Bern ; Stuttgart ; Wien : Haupt, 1997
Einheitssacht.: Woodcraft of the World <dt.>
ISBN 3-258-05462-2
NE: Groeneweg, Jan [Übers.]; EST

Inhaltsverzeichnis

Zu diesem Buch

Holz ist ein ideales Arbeitsmaterial. Es läßt sich formen und verbinden, es ist dauerhaft, widerstandsfähig und schön, und es erlaubt eine Vielfalt von Variationen in der Anwendung. Wo Holz im Überfluß zur Verfügung steht, ist es zu einem Bestandteil des täglichen Lebens geworden; Häuser, Möbel und Gebrauchsgegenstände werden aus Holz angefertigt. In Gegenden, die über wenig eigenes Holz verfügen, wird das importierte Holz vor allem als Material für kostbare Möbel und Kunstgegenstände geschätzt. In allen Kulturkreisen genießt die Kunst der Holzbearbeitung hohes Ansehen.

Schaukelpferd

Die Methoden der Holzbearbeitung unterscheiden sich in den verschiedenen Teilen der Welt erheblich. Menschen, die in abgelegenen Regionen wohnen oder neue Länder besiedeln, waren oft darauf angewiesen, die Aufgaben des Försters, des Bau- und Möbelschreiners und viele andere zugleich zu erfüllen, so daß die einfachsten Techniken bevorzugt wurden. In höher entwickelten Gemeinschaften, wo es schon spezialisierte Handwerker wie Bauschreiner und Möbelschreiner gab, wandten sich andere Leute der Herstellung von Kinderspielzeug oder von rein dekorativen Artikeln zu wie zum Beispiel geschnitzter Liebeslöffel.

Auch Religion und Philosophie hatten Einfluß auf die Art, wie Holz bearbeitet wurde. Perfektion in der Ausführung war sowohl den amerikanischen Shakers wie den japanischen Holzbearbeitern oberstes Gebot, was viele wunderbar gearbeitete Stücke beweisen. Die kunstvollen durchbrochenen Laubsägearbeiten islamischer Völker sind einerseits das Ergebnis religiöser Vorschriften und andererseits rein praktischer Überlegungen, nämlich des Wunsches, Licht und Luft durchzulassen und zu filtern. Jeder Kulturkreis entwickelte seine eigenen Methoden, um die natürliche Schönheit der Struktur und der Maserung des Holzes hervorzuheben und allfällige Fehler und Unzulänglichkeiten zu verbergen.

In unserem Zeitalter der Massenproduktion und der Kunststoffe ist ein von Hand gearbeiteter Gegenstand aus Holz oft ein Objekt von großer Schönheit und eine Erinnerung an Werte früherer Zeiten. Ob es es sich nun um einen kunstvoll geschnitzten Tisch oder eine schlichte Besteckkiste handelt, die Einmaligkeit des Gegenstandes erfüllt den Besitzer, die Besitzerin mit Stolz und, wenn er von eigener Hand gefertigt wurde, mit einem Gefühl der Befriedigung über eine wohlgelungene Arbeit. Wir sind in der beneidenswerten Lage, aus der reichen Fülle der Traditionen und Techniken aus aller Welt diejenigen auswählen zu können, die uns am meisten zusagen. Dieses Buch soll Sie dazu anregen, Ihren ganz persönlichen Stil, Ihre eigene Technik der Holzbearbeitung zu entwickeln.

Diese frühen hölzernen Werkzeuge der australischen Ureinwohner sind mit traditionellen Mustern und Schmuckformen verziert.

Jedes Kapitel behandelt eine andere Tradition der Holzbearbeitung, einschließlich der Methoden für den Entwurf, der verwendeten Techniken und der beliebtesten Dekorationen. Die erste Seite jedes Kapitels vermittelt einen Einblick in die Ursprünge und den Stil der betreffenden Tradition und den Einfluß der örtlichen Bedingungen auf den Stil, die Technik und die Art der Endbearbeitung. Die jeweils folgende Doppelseite mit typischen Stücken und Variationen dazu bietet eine Fülle von Anregungen zum Abändern und Anpassen der Entwürfe, zur Wahl anderer Holzarten und zum Verfeinern und Verschönern der Gegenstände. Dann folgt ein Abschnitt, der Ihnen Schritt für Schritt den Arbeitsablauf für ein Projekt erklärt und Ihnen zeigt, wie Sie ein Möbelstück oder einen anderen Gegenstand im Stil und in der Technik der behandelten Tradition herstellen können. Die Projekte sind dabei in drei Schwierigkeitsgrade eingeteilt und entsprechend gekennzeichnet:

Anfängerstufe
Für diese Projekte benötigen Sie keine Erfahrung in der Holzbearbeitung. Lesen Sie aber das Kapitel „Allgemeine Informationen“ sorgfältig durch.

Mittlere Stufe
Diese Projekte stellen schon etwas höhere Ansprüche an Fertigkeit und Zeitaufwand. Anfänger (Anfängerinnen) brauchen vielleicht die Hilfe von erfahrenen Personen.

Fortgeschrittenenstufe
Für diese Projekte sind Geduld, Selbstvertrauen und eine geübte Hand erforderlich, zum Teil auch Spezialwerkzeuge.

Im Kapitel „Allgemeine Informationen“ wird Ihnen erklärt, wie Sie das für ein bestimmtes Projekt in Frage kommende Holz auswählen und wie Sie mit dem Material umgehen sollen, bis hin zur Endbearbeitung. Es enthält einen Katalog einiger der gebräuchlichsten Holzarten mit deren Eigenschaften, so daß Sie gegebenenfalls eine Art durch eine gleich gut geeignete andere Art ersetzen können. Ferner finden Sie für jedes Projekt eine illustrierte Liste der benötigten Materialien mit genauen Maßangaben. Die abgebildeten Vorlagen eignen sich zum Durchpausen, zum Vergrößern oder Verkleinern und zum Übertragen auf das Werkstück. Das Fachwörterverzeichnis und das alphabetische Register im letzten Teil des Buches helfen Ihnen, benötigte Informationen rasch zu finden und den größtmöglichen Nutzen aus dem Buch zu ziehen.

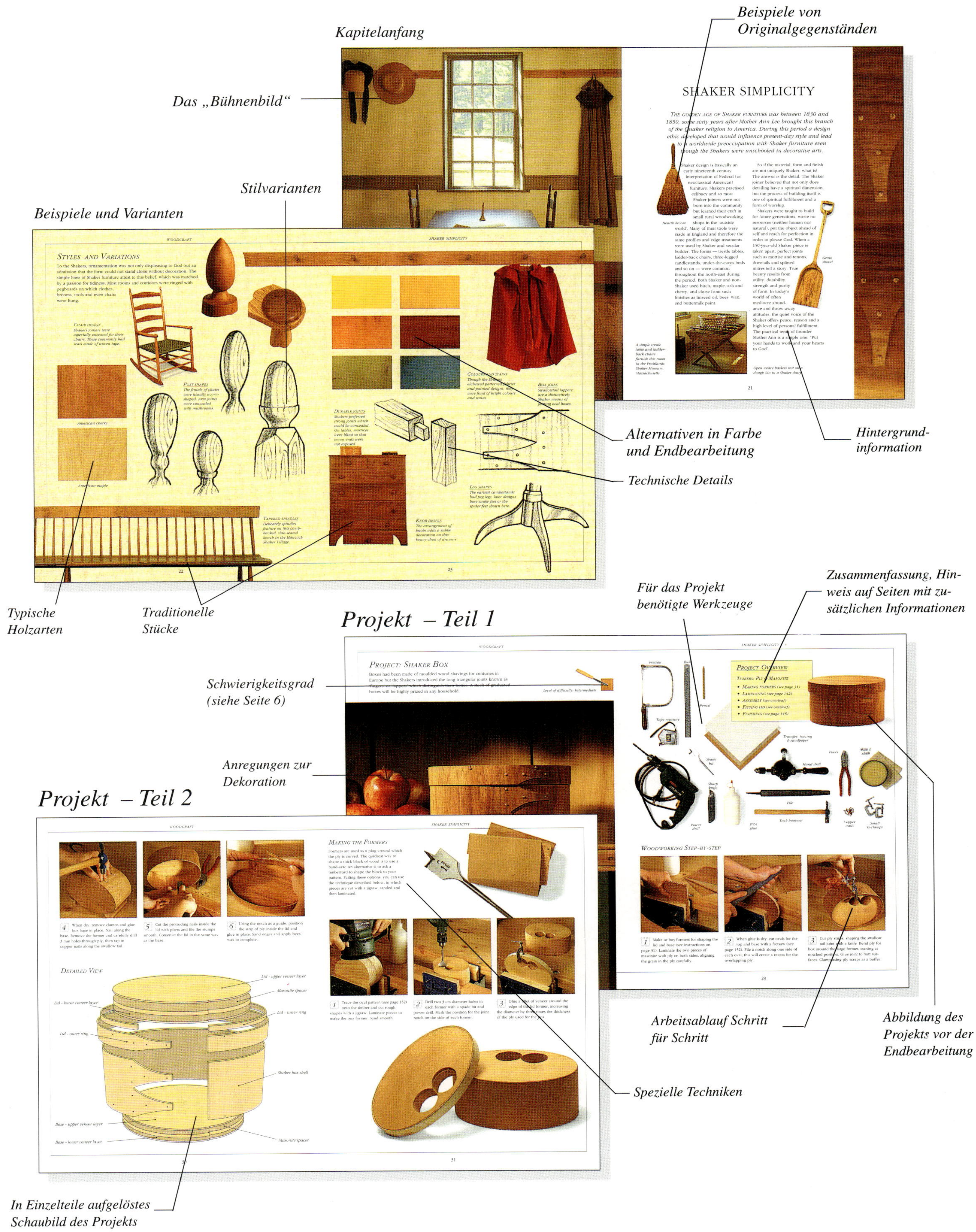
Kapitelanfang
Beispiele von Originalgegenständen
Das „Bühnenbild“
SHAKER SIMPLICITY
Stilvarianten
Beispiele und Varianten
Alternativen in Farbe und Endbearbeitung
Hintergrund-information
Technische Details
Typische Holzarten
Traditionelle Stücke
Für das Projekt benötigte Werkzeuge
Zusammenfassung, Hinweis auf Seiten mit zusätzlichen Informationen
Projekt – Teil 1
Schwierigkeitsgrad (siehe Seite 6)
Anregungen zur Dekoration
Projekt – Teil 2
Arbeitsablauf Schritt für Schritt
Abbildung des Projekts vor der Endbearbeitung
Spezielle Techniken
In Einzelteile aufgelöstes Schaubild des Projekts

Amerikanischer „Country Style“

Die Möbel des ländlichen Amerika werden, ebenso wie diejenigen aus der Kolonialzeit Australiens, heute besonders wegen ihres schlichten und funktionellen Entwurfs geschätzt. Sie zeichnen sich nicht aus durch elegante Einzelheiten oder aufwendige Dekorationen, sondern im Gegenteil dadurch, daß sie die Erinnerung an eine unkomplizierte Lebensweise wachrufen, indem dabei natürliche Materialien und einfache Formen und Techniken zur Anwendung kommen.

Wiege

Die ersten Siedler Nordamerikas brachten eine Vorliebe für die in der Zeit Jakobs I. (König von England 1603–1625) üblichen soliden und schweren Möbel mit. Diese Möbel wurden vor allem aus Eichenholz hergestellt. Gedrechselte Teile und die sehr stabile Schlitz-und-Zapfen-Verbindung gehören zu ihren Merkmalen. In der Kolonialzeit waren die Häuser sparsam möbliert. Viele Möbelstücke dienten mehr als einem Zweck. Eine Truhe war gleichzeitig Sitzbank, ein Sofa ließ sich in ein Bett verwandeln.

Auch nach dem Amerikanischen Unabhängigkeitskrieg ließen sich die Möbelschreiner Nordamerikas von britischen und kontinentaleuropäischen Vorbildern leiten. Der „Federal Style“, der von 1795 bis 1818 beliebt war, war vom europäischen Neoklassizismus beeinflußt. Bereits gegen Ende des 17. Jahrhunderts waren amerikanische Möbelschreiner zur Herstellung viel leichterer Möbel mit Schwalbenschwanz-Verbindungen übergegangen.

Andererseits vereinfachten Handwerker in ländlichen Gegenden die Entwürfe ihrer städtischen Berufskollegen. Sie wählten Stile und Techniken, die praktische Vorteile boten, und verzichteten weitgehend auf nur schmückendes Beiwerk. Wenn man die Möbel oder anderen Gegenstände dennoch irgendwie schmücken wollte, dann geschah das meist nicht in Form einer Holzbearbeitung, sondern durch einen Farbanstrich. Dieser diente vielfach zugleich dazu, die geringe Qualität des Holzes oder Fehler im Holz zu verbergen. Im 18. Jahrhundert war es beliebt, die Maserung einer kostbaren Holzart nachzuahmen (Ädern oder Marmorieren).

Besondere Volksgruppen wie die Pennsylvanian Dutch (deutschstämmige Siedler im Staat Pennsylvanien) brachten eine Tradition der Bauernmalerei mit und schmückten ihre Möbel mit farbenfrohen Motiven. Die Mitgift-Truhe und der Kleiderschrank fanden auf diese Weise Eingang ins amerikanische Heim.

Andere typische Einrichtungsgegenstände sind etwa der Spültisch, der Speiseschrank und die Anrichte. Eine Ausnahme von der Regel, wonach Zweckmäßigkeit Vorrang vor allen anderen Überlegungen hat, ist zu erwähnen: Der Schaukelstuhl entstand ursprünglich aus einem abgeänderten Lehnstuhl und wurde durch die Amerikaner populär gemacht.

„Whirligig“ (Kinderspielzeug)

Die hübsche Inneneinrichtung eines kleinen Landhauses zeigt die schlichte Eleganz des amerikanischen „Country Style“.

Die natürliche Maserung des Holzes wird durch Drechseln und Schnitzen hervorgehoben.

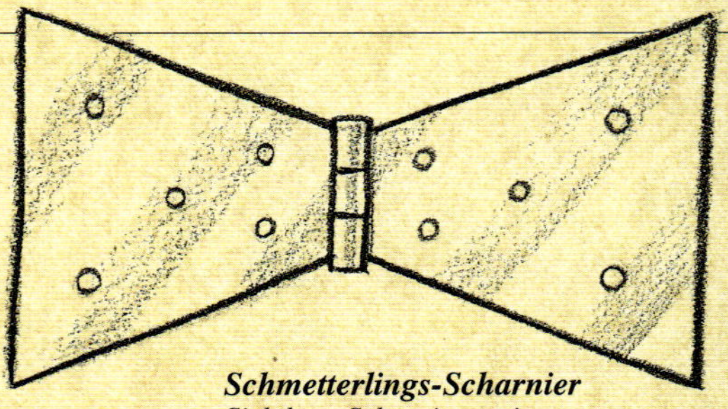

Schmetterlings-Scharnier
Sichtbare Scharniere, wie das hier abgebildete, dienten gleichzeitig praktischen und dekorativen Zwecken.

Beispiele und Varianten

Der amerikanische Country Style ist in Wirklichkeit eine Mischung aus verschiedenen Stilrichtungen, beeinflußt durch die Kulturen der einzelnen Volksgruppen, aus denen sich die Bevölkerung Amerikas zusammensetzt. Der Country Style vereinigt die Konstruktionstechniken von England und Irland mit den dekorativen Traditionen der skandinavischen Länder und Deutschlands und dem naiven Stil der spanischen Mexikaner, und alle diese Elemente wurden den Lebensverhältnissen in einem neuen Land angepaßt. Vom Wind angetriebene Spielsachen entstanden aufgrund strenger religiöser Grundsätze, welche am Sonntag weder Arbeit noch Spiel erlaubten.

Lockvogel
Dieser Lockvogel aus dem Mittleren Westen ist mit Blei beschwert.

Amerikanische Esche

Kirschbaum

Ahorn

Walnuß

Holzarten
Gegen Ende des 17. Jahrhunderts hatten einheimische Hölzer, zum Beispiel Ahorn und Kirschbaum, das importierte Eichenholz ersetzt.

Windsor-Stühle
Überall in den USA entstanden viele Varianten des aus der englischen Stadt Windsor stammenden ursprünglichen Modells.

Milchfarben
Aus Magermilch hergestellte Farben ergaben nach dem Trocknen einen etwas spröden Überzug.

„Whirligig“
Ein vom Wind getriebenes Spielzeug diente zur Belustigung an religiösen Feiertagen.

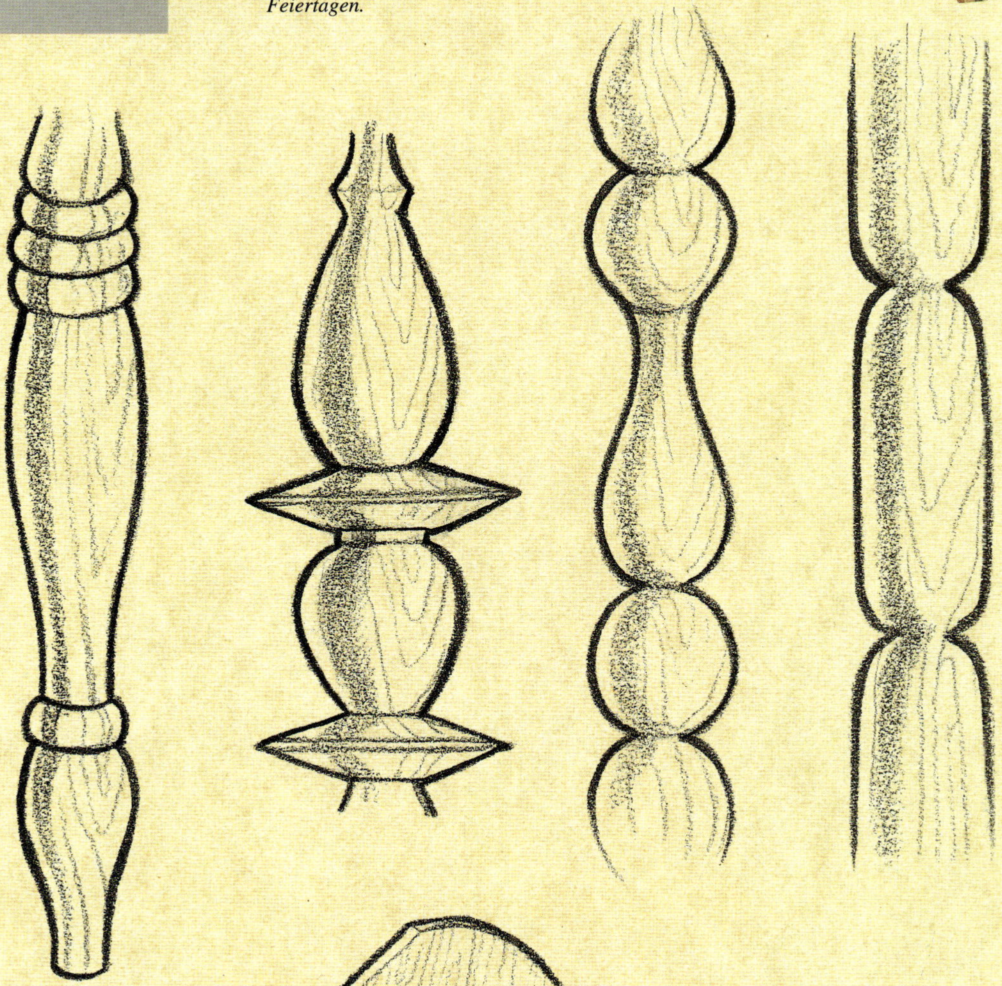

Gedrechselte Stäbe
Gedrechselte Eichenholzstäbe wurden in Amerika noch allgemein verwendet, als sie in Europa längst aus der Mode waren.

Schaukelpferd
Einwanderer aus Deutschland führten ihre Spielsachen in Amerika ein, so das Schaukelpferd, Noahs Arche und verschiedene Puppen.

Projekt: Amerikanisches Schaukelpferd

Im 18. und 19. Jahrhundert gehörte das Schaukelpferd zu den beliebtesten Kinderspielsachen. In der Regel wurden die Schaukelpferde natürlich von den Kindern geritten; das hier beschriebene, das einem um 1900 in Pennsylvanien hergestellten Stück nachgebildet ist, dient jedoch wegen seiner geringen Größe rein dekorativen Zwecken.

Schwierigkeitsgrad: Mittlere Stufe

Projekt-Übersicht

Holz: Jelutong und Kirschbaum

- *Verleimen (siehe Seite 18)*
- *Schnitzen (siehe Seite 141)*
- *Abfasen (siehe Seite 141)*
- *Zusammensetzen (siehe unten)*
- *Endbearbeitung (siehe Seite 144)*

Arbeitsablauf Schritt für Schritt

1 Holzstücke mit der Laubsäge aussägen (siehe Seite 149). Klebeflächen am Kopf und am Hals glattschleifen, mit dem Rumpf zusammenleimen. Kopf, Hals und Rumpf mit Hohlmeißel und Schlägel schnitzen. Glattschleifen.

2 Eine Kante der Rückenstütze im Winkel von 45° mit Schleifpapier abschrägen. Rückenstütze auf den Rücken des Pferdes leimen. Mit scharfem Messer aus dem Leder die Zügel und den Sattel ausschneiden (siehe Seite 149).

3 Mit dem Schnitzermesser die Kanten der Beine abfasen. In die Kufen, die Zwischenstücke, die Plattform und die Beine Schraubenlöcher bohren. In den Rumpf in einem Winkel von etwa 10° nach außen 10 mm tiefe Löcher für die Beine bohren.

4 Kufen, Zwischenstücke und Plattform zusammensetzen (siehe Seite 15). Beine an den Kufen lose befestigen, Schrauben noch nicht fest anziehen. Beine in die Löcher im Rumpf leimen. Sobald der Leim trocken ist, die Schrauben, mit denen die Beine an den Kufen befestigt sind, fest anziehen.

5 Mit der Zange die Enden des Kupferdrahts zu Schlaufen formen. Die beiden Enden des Zaumes aus Leder durch diese Schlaufen ziehen und festleimen. Kupferdraht-Gebiß in das Maul des Pferdes leimen.

6 In den Rumpf des Pferdes ein Loc bohren für den Schweif. Das ganz Pferd fertig bearbeiten, je nach Wunsch m Farbe oder Lack. Schweif (Schnur) einkle ben, ausfransen. Ledersattel mit Stiften be festigen.

Schnitzen

Die Einzelheiten an Kopf und Rumpf werden mit einem kleinen Meißel geschnitzt, die Kanten an den Beinen mit einem Schnitzermesser abgefast. Diese Schnitzerarbeit braucht nicht aufwendig zu sein; der besondere Reiz dieses Schaukelpferdes liegt gerade in seiner Schlichtheit.

Schaubild mit Einzelteilen

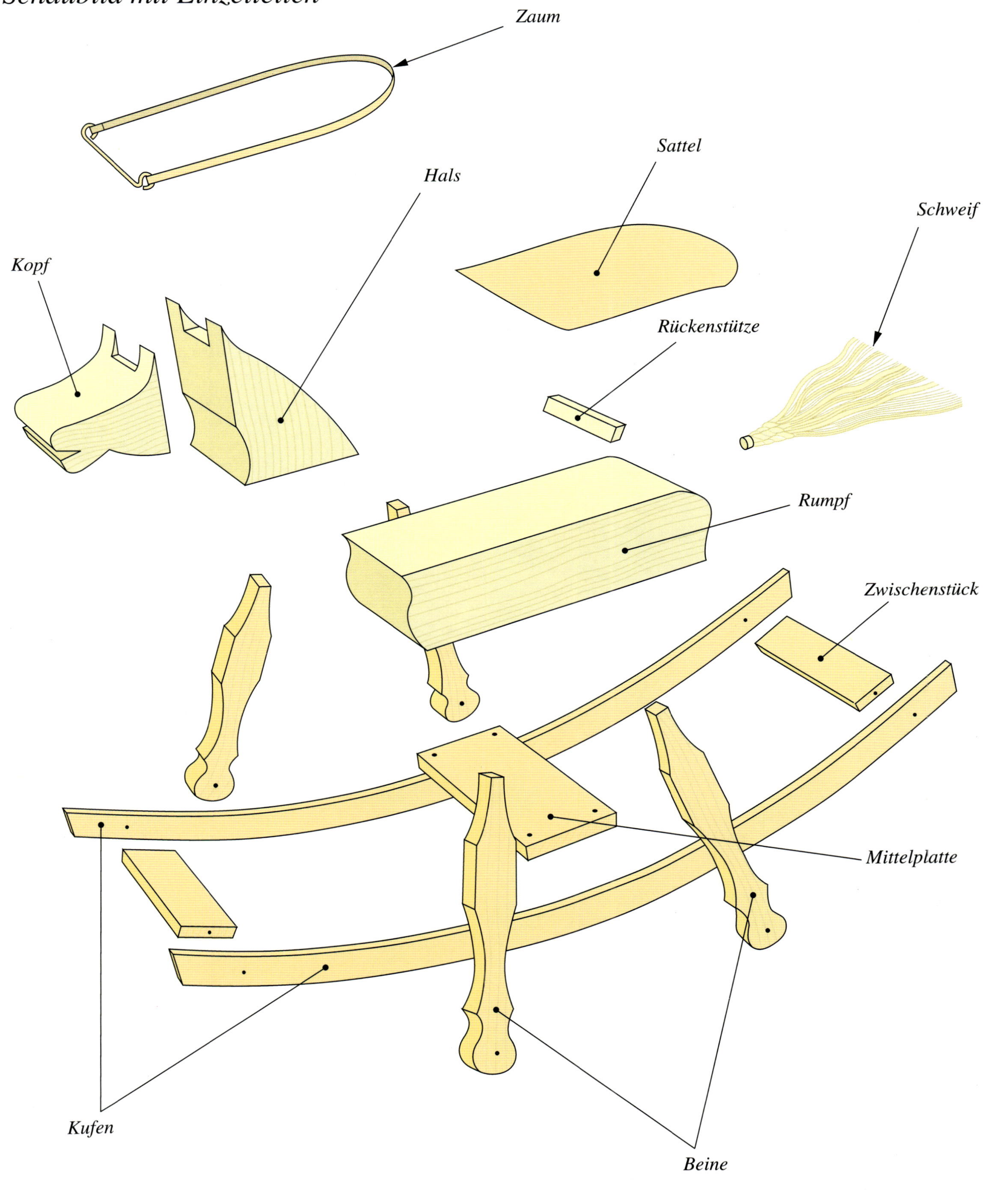

Projekt: Amerikanischer Brotteigkasten

Brotbacken gehörte zum Alltag vieler amerikanischer Haushalte, vor allem auf dem Land. Dabei diente der Brotteigkasten mehreren Zwecken. Man knetete den Teig auf dem festen Deckel und legte ihn dann zum Aufgehen in den Kasten.

Schwierigkeitsgrad: Mittlere Stufe

Projekt-Übersicht

Holz: Kirschbaum

- *Abschrägen (siehe Seite 141)*
- *Abfasen (siehe Seite 141)*
- *Zusammensetzen (siehe unten)*
- *Endbearbeitung (siehe Seite 144)*

Arbeitsablauf Schritt für Schritt

1 Teile zuschneiden. Die für Boden, Längsseiten und Deckel bestimmten Teile verleimen. Muster für die vier Zargen (Seite 150) aufs Holz übertragen, dann diese Teile mit der Laubsäge aussägen.

2 Die oberen und unteren Kanten der Schmalseiten im Winkel von 80° parallel abhobeln. Die vier Beine oben und unten ebenfalls im Winkel von 80° parallel absägen.

3 Die vier Beine und die vier Teile der Zargen zusammenleimen, dann die Verbindungen mit den 16 kleineren Schrauben verstärken.

4 Die vier Seitenwände zusammensetzen, an den Kanten der Längsseiten Schrauben einsetzen. Boden und Seitenwände zusammenschrauben. Beine und Zargen an den Boden leimen.

5 Griffe für den Deckel zuschneiden und in die gewünschte Form (siehe Seite 19) hobeln. Griffe so auf den Deckel leimen, daß die schmäleren Kanten unten sind und daß der Abstand vom Griff zur Schmalseite auf beiden Seiten gleich ist.

6 Die Enden der vier inneren Leisten abschrägen (Winkel 80°) und prüfen, ob der Deckel exakt flach aufliegt. Leisten aufleimen. Alles mit Schleifpapier und Wachs behandeln.

Verleimen

Um großflächige Teile – in diesem Fall Boden, Deckel und Seitenwände – herzustellen, muß man manchmal zwei Bretter miteinander verleimen. Damit eine solche Verbindung gut hält, müssen die zu verleimenden Kanten einwandfrei glatt, gerade und im Winkel von 90° abgehobelt werden. Leim gleichmäßig und sparsam auf die Klebeflächen auftragen (Anweisungen des Herstellers beachten), Bretter zusammenfügen und prüfen, ob sie genau in der gleichen Ebene liegen; mit einer Schraubzwinge leicht aneinander pressen, bis der Leim trocken ist. Die Zwinge darf nicht zu stark angezogen werden, da sich sonst die Bretter wölben könnten.

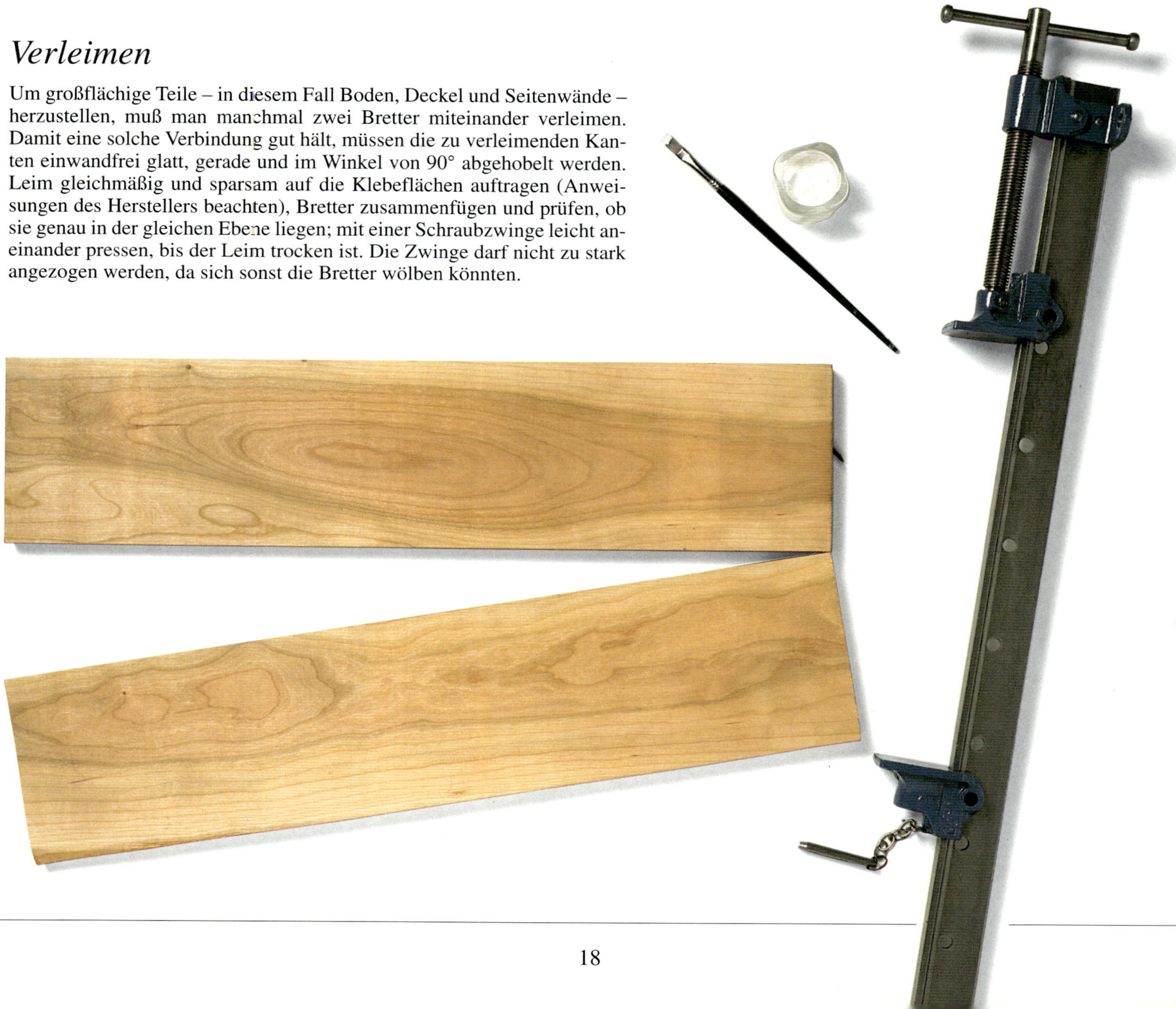

Schaubild mit Einzelteilen

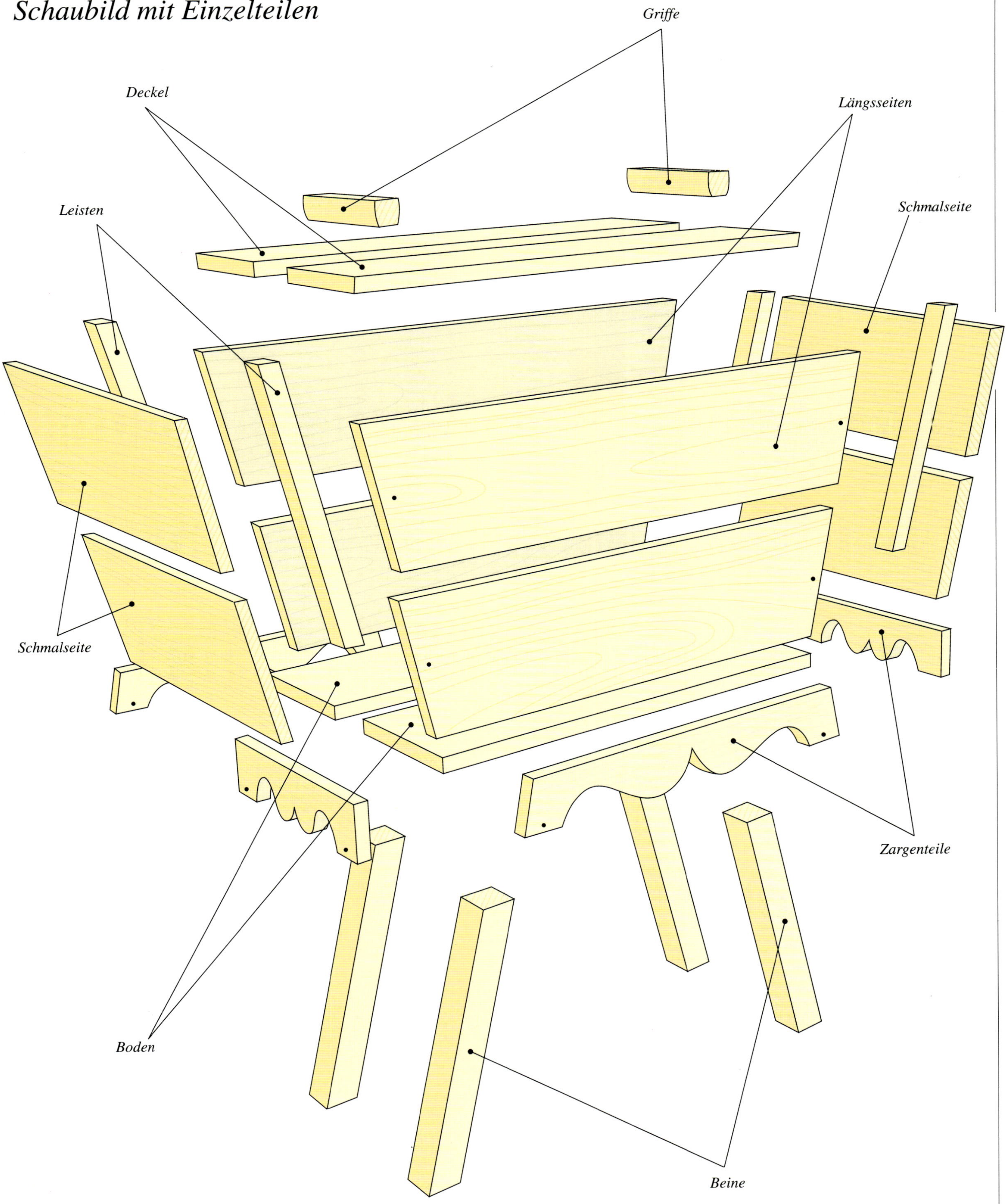

Shaker-Möbel

Die Blütezeit des Shaker-Stils lag zwischen 1830 und 1850, etwa sechzig Jahre, nachdem Mother Ann Lee diesen Zweig der Quäker-Religion nach Amerika gebracht hatte. Obwohl die Shaker keine Erfahrung in den dekorativen Künsten hatten, entwickelten sie einen Stil und eine Ethik des Entwurfs, deren Einfluß noch heute in Möbeln aus verschiedenen Ländern zu erkennen ist.

Kaminbesen

Der Shaker-Stil ist im Grunde genommen eine zu Beginn des 19. Jahrhunderts entstandene Variante des amerikanisch-neoklassizistischen Möbelstils („Federal Style"). Die Shaker verwarfen die Ehe als Quelle allen Übels. Shaker-Möbelschreiner waren daher in der Regel nicht in der Gemeinschaft geboren und aufgewachsen, sondern hatten ihr Handwerk in der „Außenwelt" erlernt, vor allem in kleinen ländlichen Werkstätten. Viele ihrer Werkzeuge kamen aus England. Deshalb weisen die aus Shaker-Werkstätten stammenden Möbel die gleichen Verarbeitungsmerkmale, zum Beispiel Profile, auf wie solche aus anderen Werkstätten. Die Formen – Bocktische, Stühle mit leiterförmiger Rückenlehne, dreibeinige Kerzenständer, Himmelbetten u. a. m. – waren überall im Nordosten der Vereinigten Staaten im Gebrauch. Auch verwendeten die Shaker-Möbelschreiner die gleichen Holzarten – Birke, Ahorn, Esche und Kirschbaum – und die gleichen Materialien zur Endbearbeitung – Leinöl, Bienenwachs und Buttermilchfarben – wie ihre Berufskollegen außerhalb der Gemeinschaft.

Wenn also weder das Material noch die Form oder die Art der Endbearbeitung für die Möbel und Gebrauchsgegenstände der Shaker typisch sind, welches sind dann deren besondere Merkmale? Die Antwort lautet: das Detail. Die Beachtung des Details hatte nach Ansicht des Shaker-Handwerkers eine geistige Bedeutung. Mehr noch: Die sorgfältige Arbeit selber war für ihn eine Form der geistigen Erfüllung, der Verehrung Gottes.

Die Shaker lehrten, man müsse für die kommenden Generationen bauen und jede Verschwendung, sei es der menschlichen Arbeitskraft oder der natürlichen Hilfsmittel, vermeiden. Der herzustellende Gegenstand hatte Vorrang vor der eigenen Person. Man strebte nach Vollkommenheit in der Arbeit, um Gott zu ehren. Nimmt man heute ein einhundertfünfzigjähriges Shaker-Stück auseinander, dann zeugen die sorgfältig gearbeiteten gefederten Gehrungen, Schlitz-und-Zapfen- und Schwalbenschwanz-Verbindungen von dieser Einstellung. Die wahre Schönheit eines Gegenstandes liegt in seiner Zweckmäßigkeit, seiner Dauerhaftigkeit und Widerstandsfähigkeit und in seiner reinen Form. In unserer heutigen Überfluß- und Wegwerf-Gesellschaft spricht die ruhige Stimme der Shaker vom Frieden, von der Vernunft und von einer hohen Stufe der persönlichen Befriedigung über eine wohlgelungene Arbeit. Die Gründerin Mother Ann hatte einen einfachen und praktischen Leitsatz: „Wendet eure Hände der Arbeit und euer Herz Gott zu!"

Kornschaufel

Ein einfacher Bocktisch und Stühle mit leiterförmiger Rückenlehne sind die wichtigsten Möbel in diesem Zimmer im Fruitlands Shaker Museum im Staat Massachusetts.

Geflochtene Körbe auf einem Brotteigkasten im Milchraum eines Shaker-Bauernhauses.

Stile und Variationen

Nach Auffassung der Shaker mußte jedes unnötige schmückende Beiwerk nicht nur Gottes Mißfallen erregen, sondern war zugleich das Eingeständnis, daß die Form des Gegenstandes allein nicht ausreichte. Die schlichten Formen der Shaker-Möbel zeugen von dieser Auffassung; überdies legten ihre Hersteller großen Wert auf sorgfältige, saubere Ausführung. An den Wänden von Zimmern und Vorräumen wurden oft Leisten mit Pflöcken angebracht, an denen man Kleider, Besen, Werkzeuge und sogar Stühle aufhängen konnte.

Stühle

Die Stühle der Shaker erfreuten sich besonderer Beliebtheit. Der Sitz wurde in der Regel aus Bändern geflochten.

Amerikanischer Kirschbaum

Amerikanischer Ahorn

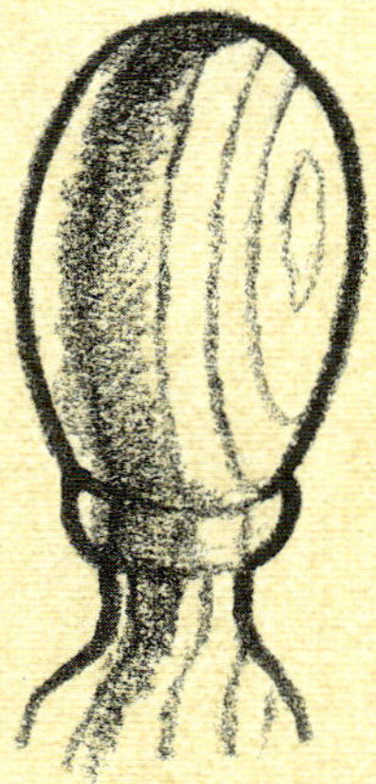

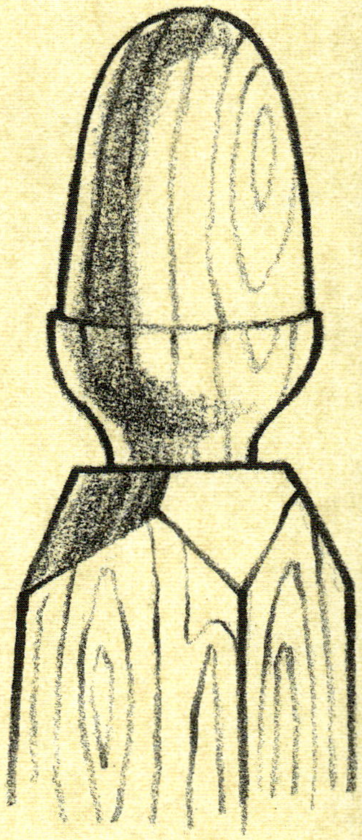

Rücken- und Armlehnen

Die senkrechten Stäbe der Rückenlehne hatten oben oft einen Knauf in Form einer Eichel. Die Verbindungen vorn an den Armlehnen wurden unter flach gewölbten Rundknöpfen verborgen.

Konische Stäbe

Diese Sitzbank im Hancock Shaker Village hat eine Rückenlehne aus konisch gedrechselten Stäben.

Farben und Beizen

Bunt gemusterte Stoffe und Malereien waren bei den Shakern verpönt; doch liebten sie einfarbige Stoffe in lebhaften Farbtönen und ebensolche Holzbeizen.

Verbindung für Spanschachteln

Die hier abgebildete Verbindung mit ihrer schwalbenschwanzförmigen Überlappung (nicht zu verwechseln mit Schwalbenschwanzzinken!) ist typisch für die ovalen Spanschachteln der Shaker.

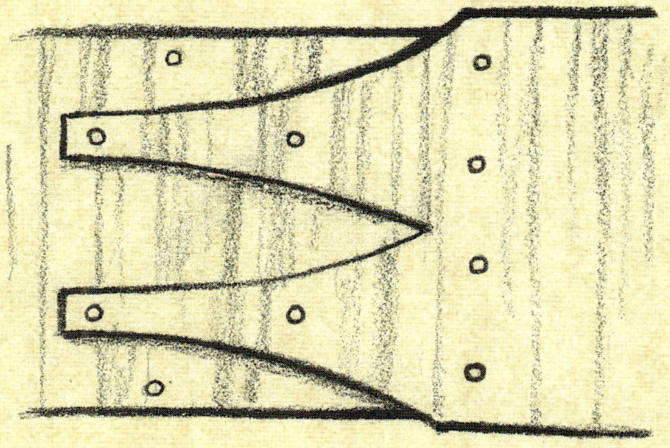

Widerstandsfähige Verbindungen

Die Shaker verwendeten vorzugsweise starke Verbindungen, die sich verbergen ließen, wie diese blinde Schlitz- und-Zapfen-Verbindung zwischen Tischbein und Zarge.

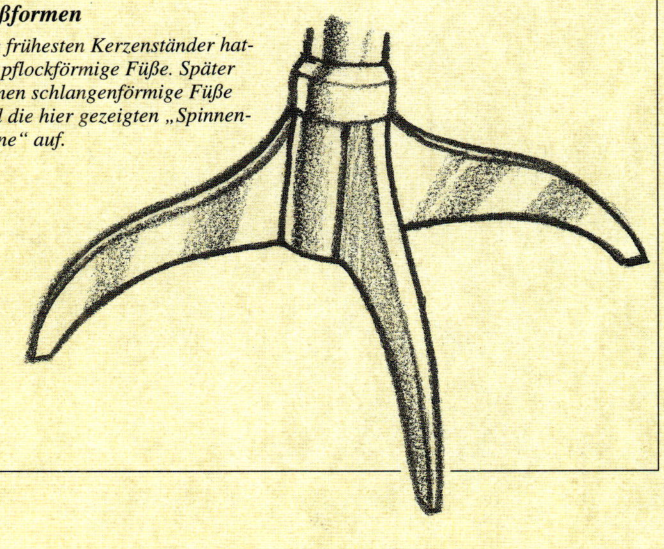

Fußformen

Die frühesten Kerzenständer hatten pflockförmige Füße. Später kamen schlangenförmige Füße und die hier gezeigten „Spinnenbeine“ auf.

Griffe

Die schlichten knopfförmigen Griffe an dieser schweren Kommode sind dekorativ angeordnet.

Projekt: Shaker-Kerzenständer

Dreibeinige Kerzenständer und Nähtische wurden in verschiedenen Varianten in jeder Shaker-Gemeinde hergestellt. Unser Exemplar hat schlangenförmige Füße und eine Säule mit sechseckigem Querschnitt. Wir verwenden Schlitz-und-Zapfen-Verbindungen. Die Schwalbenschwanz-Verbindung war zwar gebräuchlicher, ist aber viel aufwendiger.

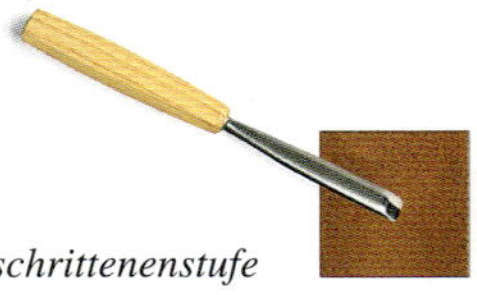

Schwierigkeitsgrad: Fortgeschrittenenstufe

Projekt-Übersicht

Holz: Rot-Zeder

- Laubsägearbeit (siehe Seite 139)
- Abfasen (siehe Seite 141)
- Putzhobelarbeit (siehe Seite 140)
- Verbindungen (siehe Seite 143)
- Zusammensetzen (siehe unten)
- Endbearbeitung (siehe Seite 144)

Arbeitsablauf Schritt für Schritt

1 Muster des Fußes (Seite 151) so auf das Holz übertragen, daß die Hauptrichtung mit der Faserrichtung übereinstimmt. Die drei Füße mit der Laubsäge aussägen. An jedem Fuß über die ganze Breite einen Zapfen von 12 x 12 mm ausschneiden.

2 Mit dem Putzhobel die Außenseite der Füße abrunden, ausgenommen in den Abschnitten, die mit dem Putzhobel nicht erreicht werden können.

3 Die zuletzt erwähnten Abschnitte mit Schleifpapier abrunden. Säule von Hand sägen. Das Zwischenstück mit der Stichsäge, die Tischplatte mit der Laubsäge aussägen.

4 Beide Teile der Tischplatte miteinander verleimen. Auf Unterseite Kreis mit Durchmesser 465 mm markieren, aussägen. An der Außenkante 7 mm von oben ringsum eine Linie markieren, von ihr aus mit dem Putzhobel nach unten abfasen.

5 Säule von Hand auf den sechseckigen Querschnitt hobeln, und zwar so, daß sie sich von unten nach oben verjüngt. Durchmesser unten 65 mm, oben 50 mm.

6 Im unteren Teil der Säule in drei der sechs Flächen mit Streichmaß oder Ahle je einen 12 mm breiten Schlitz markieren, Schlitzlänge entsprechend der Zapfenlänge an den Füßen. Mit Meißel und Schlägel die Schlitze 12 mm tief ausschneiden.

7 In der Mitte des runden Zwischenstückes ein Sechseck von 50 mm Durchmesser zeichnen. Mit dem Meißel ein um 1 mm kleineres Loch ausschneiden, dann dieses Loch mit Schleifpapier behutsam auf die Größe des Sechsecks vergrößern, damit die Säule hineinpaßt.

8 Füße in die Säule einfügen. Prüfen, ob die Tischplatte genau waagrecht zu liegen kommt, dann Füße einleimen. Grundplatte unten aufleimen, um das untere Ende der Säule zu verdecken.

9 Zwischenstück mit Leim und Schrauben an der Unterseite der Tischplatte befestigen. Säule in das Zwischenstück leimen. Endbearbeitung mit Schleifpapier und Wachs.

Ein besonderes Merkmal dieses Tisches ist die unten abgefaste Kante der Tischplatte.

Schaubild mit Einzelteilen

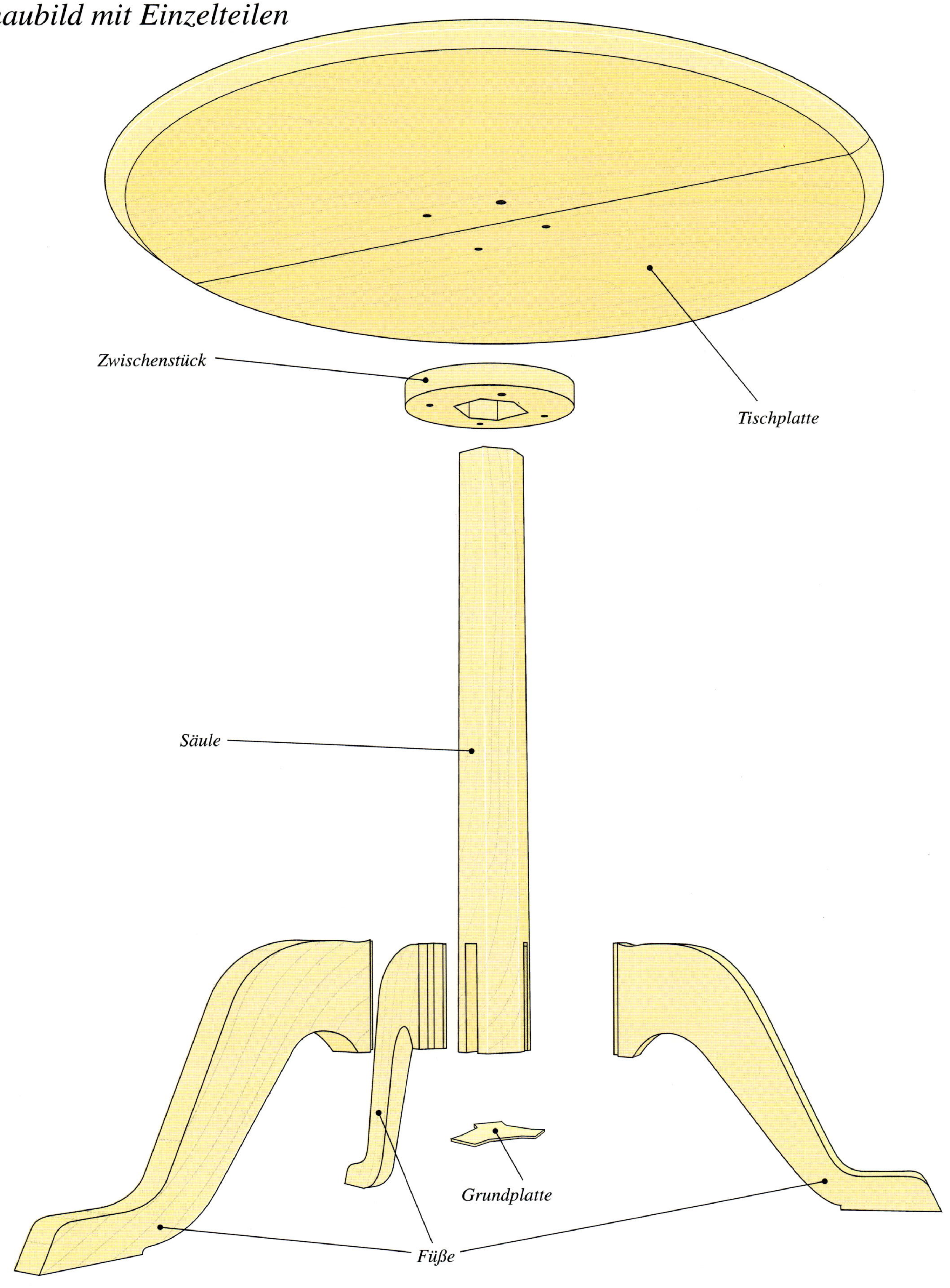

Projekt: Shaker-Spanschachtel

Spanschachteln – Schachteln aus dünnen Holzspänen – waren in Europa schon seit Jahrhunderten bekannt; aber die Shaker entwickelten einen besondern Typ, indem sie den jeweils außen liegenden Teil mit überlappenden „Fingern" versahen. Diese schlichten Schachteln sehen sehr hübsch aus.

Schwierigkeitsgrad: Fortgeschrittenenstufe

Projekt-Übersicht

Holz: Dünne Späne oder Furnier, Holzfaserplatte

- Schablonen herstellen (siehe Seite 31)
- Verleimen (siehe Seite 18)
- Zusammensetzen (siehe unten)
- Deckel anpassen (siehe nächste Seite)
- Endbearbeitung (siehe Seite 144)

Arbeitsablauf Schritt für Schritt

1 Schablonen zum Formen des Unterteils und des Deckels herstellen oder kaufen (siehe Anleitung Seite 31). Holzfaserplatten für Deckel und Boden beidseitig mit dem Furnier verleimen, so daß die Faserrichtung des Furniers mit der Längsrichtung übereinstimmt.

2 Wenn der Leim trocken ist, die ovalen Formen für Boden und Deckel mit der Laubsäge aussägen (siehe S. 152). An einer Seite jeder dieser ovalen Formen mit der Feile eine Kerbe anbringen (s. S. 140); in sie wird nachher das eine Ende des darum gewickelten Furnierstreifens eingelegt.

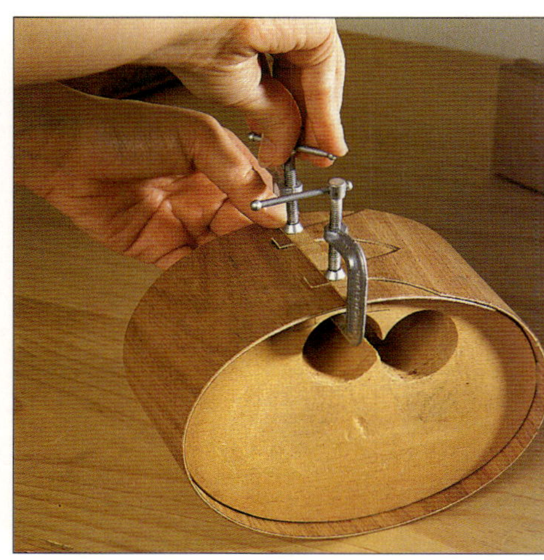

3 Furnierstreifen zuschneiden, „Finger“ mit einem scharfen Messer formen. Den breiten Streifen von der Kerbe aus um die große Schablone wickeln, Klebestellen mit Leim bestreichen, zusammenfügen, mit Schraubzwingen (Funierabfall unterlegen) festhalten, bis der Leim trocken ist.

4 Schraubzwingen wegnehmen, Boden einleimen, mit Stiften befestigen. Schablone herausnehmen. An den Fingern und daneben (siehe unten) 3 mm große Löcher bohren, Messingstifte dort vorsichtig einschlagen.

5 An der Innenseite die Spitzen der Stifte mit der Zange abschneiden, dann glatt abfeilen. Der Deckel wird auf die gleiche Weise hergestellt wie der untere Teil der Schachtel.

6 Den inneren Furnierstreifen so in den Deckel legen, daß das eine Ende des Streifens bei der Kerbe liegt, dann einkleben. Alle Kanten sauber abschleifen. Endbearbeitung mit Bienenwachs.

Schaubild mit Einzelteilen

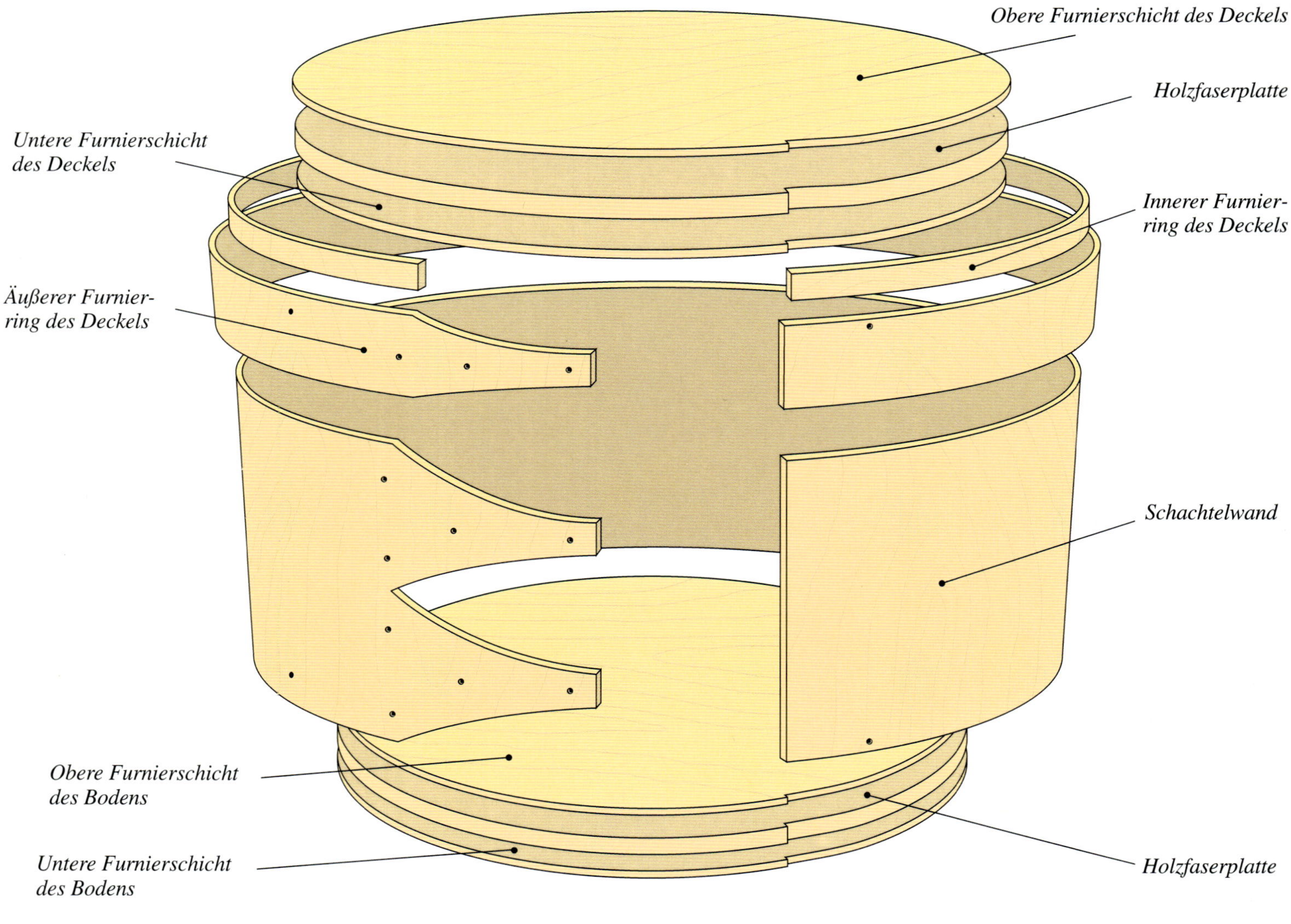

Anfertigung der Formschablonen

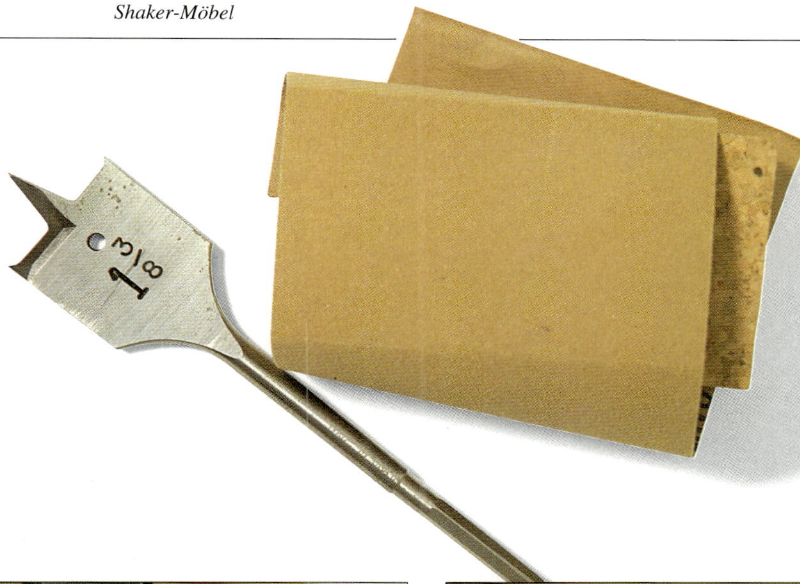

Um diese Schablonen herum werden die dünnen Furnierstreifen gewickelt und geformt. Am schnellsten stellt man die Schablonen mit einer Bandsäge aus einem dicken Holzklotz her. Wenn Sie keine Bandsäge zur Verfügung haben, kann vielleicht Ihr Holzlieferant die Schablonen nach Ihren Angaben herstellen. Eine andere Methode ist unten beschrieben; dazu brauchen Sie eine Stichsäge.

1 Das ovale Muster (siehe Seite 152) auf ein Brett übertragen, mit der Stichsäge grob aussägen. Für den Schachtelteil, für den Sie eine dicke Schablone brauchen, nötigenfalls zwei (oder mehr) gleiche Formen aussägen, zusammen verleimen, dann abschleifen, bis die Form genau stimmt.

2 Mit Elektrobohrmaschine und Flachfräsbohrer zwei Löcher von 3 mm Durchmesser in jede Schablone bohren. Auf einer Seite die Stelle der Kerbe markieren.

3 Die Schablone für den Deckelteil muß etwas größer sein als diejenige für den Schachtelteil. Einen Streifen Furnier um die Kante der Schablone wickeln und aufleimen, und zwar so, daß der Durchmesser der Schablone um die dreifache Dicke des für die Schachtelwand verwendeten Furniers vergrößert wird.

DETTEREN VILLE FOR
LEV ELLEVSONOG TONE HANS DA

Holzarbeiten aus Skandinavien

In den kalten Ländern des Nordens war Holz schon immer der wichtigste Rohstoff, der dem Volk für alles dienen mußte. In Skandinavien wurde Holz für alles mögliche verwendet, von großen Kirchen bis zu winzigen Nadeln für Stickereiarbeiten. Die Holzbearbeitung ist sowohl Kunst wie Handwerk.

Wikingerstuhl

Die hölzernen Wikingerschiffe waren so gebaut, daß sie den Anforderungen der Fahrten durch eiskalte Meere gewachsen waren, enthielten aber zugleich manch künstlerisches Element, sei es die einer Gottheit gewidmete Schnitzerei am Bug oder irgendeine schmückende Dekoration. An den mittelalterlichen „Stabkirchen" sind zahlreiche von Meisterhand ausgeführte Einzelheiten zu sehen, wie Schindeldächer und mit viel Aufwand geschnitzte Türen. Das traditionelle skandinavische Haus bestand größtenteils aus Holz; dieses wurde sowohl für Bau und Wandverkleidung wie für die Innenausstattung verwendet. Die Verbindungen und sonstigen Einzelheiten der Schreinerarbeit unterscheiden sich von Land zu Land, je nach den Eigenschaften der verwendeten Holzarten.

Die langen Fasern der Harthölzer – Esche, Eiche und Buche in Dänemark, Birke in Finnland – ermöglichen sehr feine und elegante Detailarbeit, während das Holz der in Schweden und Norwegen vorherrschenden Kiefer einen kräftigeren und schwereren Stil bedingt.

Im skandinavischen Heim leisten hölzerne Gebrauchsgegenstände gute Dienste beim Essen, beim Trinken und bei vielen anderen Verrichtungen. Hölzerne Teller und Schüsseln wurden meistens so auf an den Wänden befestigten Holzregalen aufgestellt, daß sie etwas nach vorn geneigt waren, damit sich im Innern möglichst wenig Staub und Ruß ansammeln konnte. Einem Brautpaar wurden die aus einem einzigen Stück Holz kunstvoll geschnitzten und miteinander verbundenen Hochzeitslöffel geschenkt, die beim Hochzeitsmahl benutzt und dann im Haus gut sichtbar aufgehängt oder aufgestellt wurden.

Hochzeitslöffel

Nach skandinavischer Tradition soll ein aus Holz angefertigter Gegenstand nicht bloß praktisch sein. Jedes Stück muß in Form, Entwurf und Dekoration seine eigene Schönheit aufweisen. Auf diese Weise ehren die Menschen der nordischen Länder die Wälder, die sie jahrhundertelang so gut mit vielen zum Leben notwendigen Dingen versorgt haben.

Die Innenausstattung dieses Zimmers in einem skandinavischen Bauernhaus besteht aus Holz – aus geschnitztem, geformtem und bemaltem Holz und aus Holz ohne jede Verzierung.

Roh behauene und durch Gehrungen verbundene Bretter bilden ein geometrisches Muster.

Beispiele und Varianten

Methoden und Stile der Holzbearbeitung variieren von einem skandinavischen Land zum anderen, von Region zu Region. Finnen und Schweden halten sich vorzugsweise an strenge Proportionen, an klare und einfache Linien. Die Norweger schöpfen aus der reichen Tradition der Wikinger und lieben Malerei und Schnitzerei zur Verzierung ihrer Möbel und Holzhäuser. Ob roh behauen oder glatt geschliffen, der skandinavische Stil sieht immer gut aus.

Buttermodel

Dieser aufwendig geschnitzte und mit Scharnieren versehene Model dient dazu, ein Muster auf die hausgemachte Butter zu übertragen.

Kubbestol

Dieser traditionelle Stuhl ist aus einem einzigen ausgehöhlten Balken hergestellt.

Wikinger-Schnitzerei

Komplizierte schnörkelartige Verzierungen sind ein Merkmal der Schnitzereien der Wikinger.

Sauna-Eimer

Diese Holzeimer dienen zum Aufgießen des Wassers auf die heißen Steine und zum Spülen der Sauna nach dem Bad.

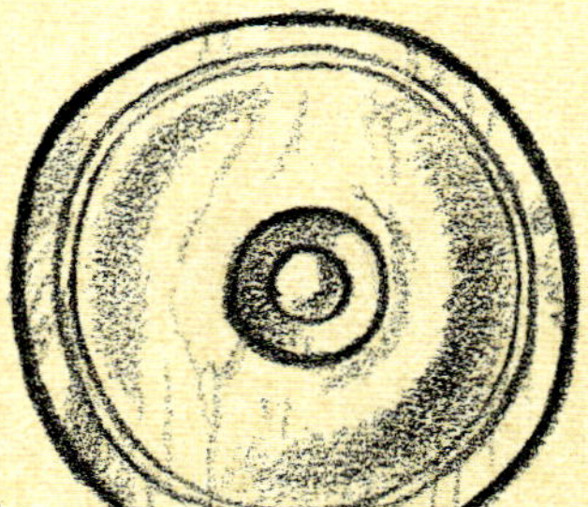

Details des Stuhls

Die Schnitzereien an einzelnen Teilen dieses Stuhles vervollständigen die würdevolle Wirkung.

Europäische Esche

Weiße Birke

Europäische Buche

Europäische Eiche

Vorratsschachtel für Lebensmittel

Diese Schachtel ist mit Brandmalerei verziert und mit einem geflochtenen Lederstreifen verschlossen.

„Rosemaling"

Eine kunstvoll geschnitzte Holzplatte, in den traditionellen Farben der norwegischen Volkskunst bemalt.

Formen für Holzplatten

Geschnitzte Holzplatten aus Norwegen haben oft eine aufwendige Form, während in Schweden schlichtere Formen bevorzugt werden.

Projekt: Skandinavischer Hängeschrank

Wandschränke sind in allen skandinavischen Ländern zu finden, mit verschiedenen Giebel- und Türformen. Der hier gezeigte Hängeschrank wurde nach den einfachsten Verfahren gebaut. Die Arbeit ist nicht so schwierig, wie man angesichts des fertigen Stückes im ersten Moment glauben könnte.

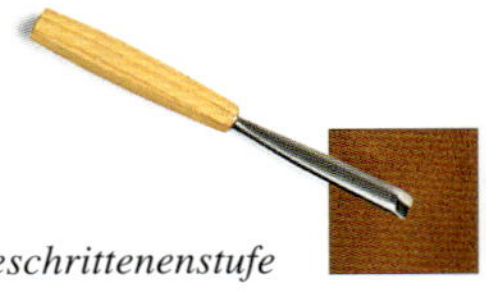

Schwierigkeitsgrad: Fortgeschrittenenstufe

Projekt-Übersicht

Holz: Kiefer

- Verleimen (siehe Seite 142)
- Arbeit mit der Oberfräse (siehe Seite 139)
- Zusammensetzen (siehe unten)
- Profil (siehe Seite 140)
- Scharniere befestigen (siehe nächste Seite)
- Fertigbearbeitung (siehe Seite 144)

Arbeitsablauf Schritt für Schritt

1 Bretter zuschneiden (siehe Seite 153). Die Teile der Rückwand und der Türfüllung zusammen verleimen. Mit der Oberfräse zum Einsetzen der Rückwand einen Falz von 10 x 12 mm in das oberste Brett, die Seitenwände und den Boden schneiden.

2 Schrank zusammensetzen (siehe Seite 39), die Teile mit den Rundkopfnägeln miteinander verbinden. Träger für die Regalbretter an den gewünschten Stellen mit Nägeln befestigen, die beiden Regalbretter einsetzen.

3 Rahmen für die Türe zusammensetzen und leimen, mit Zwingen festhalten, bis der Leim trocken ist. Bei jeder Verbindung Dübellöcher bohren, die mit Leim bestrichenen Dübel einsetzen (siehe Seite 72).

4 Muster für die Türfüllung auf das dazu bestimmte Brett übertragen, mit der Stichsäge aussägen. Die Kanten mit Schleifpapier abfasen. Türfüllung mit Stiften mit dem Rahmen verbinden.

5 Scharniere an die Innenseite der Türe schrauben, dann an die Seitenwand des Hängeschrankes. Türgriff mit einer 50-mm-Schraube befestigen.

6 Giebel mit der Stichsäge aussägen, mit Nägeln am obersten Brett befestigen. Fertigbearbeitung mit Schleifpapier, Farbe und Bienenwachs.

Verdünnter Farbanstrich

Dieses Verfahren verleiht dem fertigen Stück den Eindruck der Tiefe. Eine verdünnte Farbe auf der Oberfläche anbringen, halb trocknen lassen, mit einem feuchten Schwamm oder einem trockenen Pinsel abwischen. Wenn man im Stück absichtlich Kratzer anbringen will, um ihm ein „altehrwürdiges“ Aussehen zu geben, so muß das vor dem Farbanstrich geschehen, damit die Farbe auch in die Kratzstellen eindringt. Immer von der Mitte her in Faserrichtung abwischen. Wird eine stärkere Farbe gewünscht, läßt man sie länger trocknen oder bringt einen zweiten Farbanstrich an. Soll die Farbe dagegen heller werden, Oberfläche mit einem geeigneten Lösungsmittel abwischen.

Schaubild mit Einzelteilen

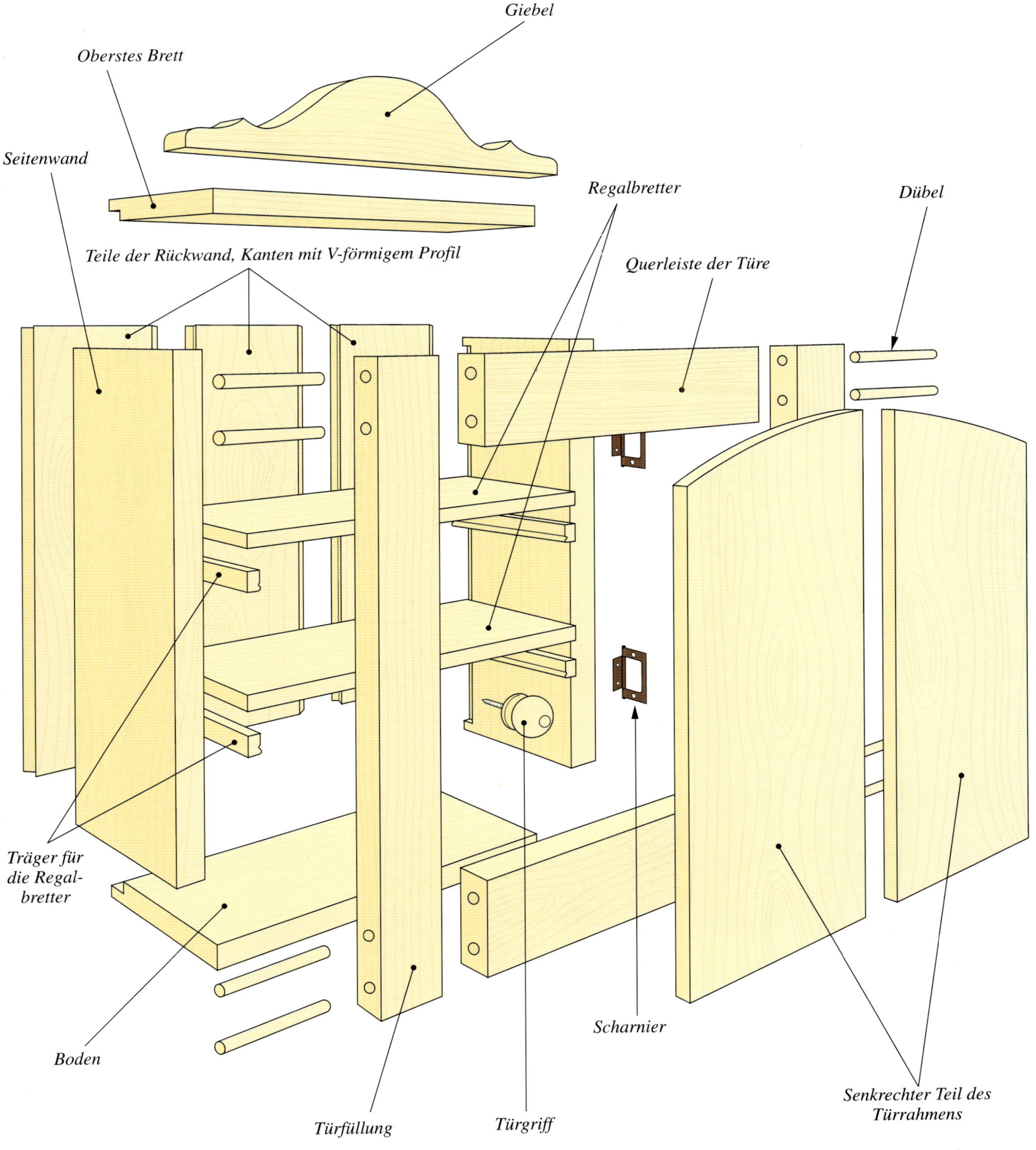

Projekt: Skandinavischer Stuhl

Die nordischen Bauernmöbel des 18. Jahrhunderts waren sehr schlicht; die traditionellen Stuhlformen machen da keine Ausnahme. Die einfachen Linien dieses Stuhls mit der elegant geschwungenen Rückenlehne, den Beinen mit achteckigem Querschnitt und die helle Tönung geben dem Möbelstück ein frisches, typisch skandinavisches Aussehen.

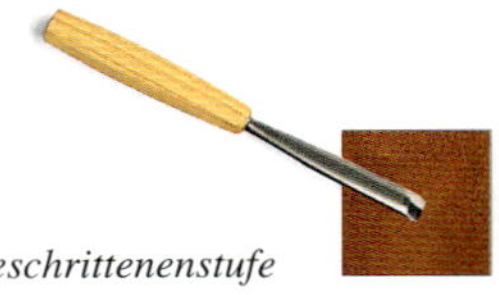

Schwierigkeitsgrad: Fortgeschrittenenstufe

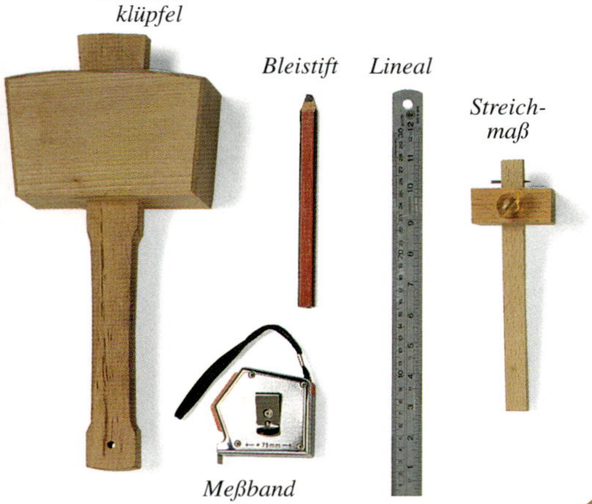

Projekt-Übersicht

Holz: Monterey-Kiefer

- Profil (siehe Seite 140)
- Verbindungen (siehe Seite 143)
- Zusammensetzen (siehe unten)
- Fertigbearbeitung (siehe Seite 144)

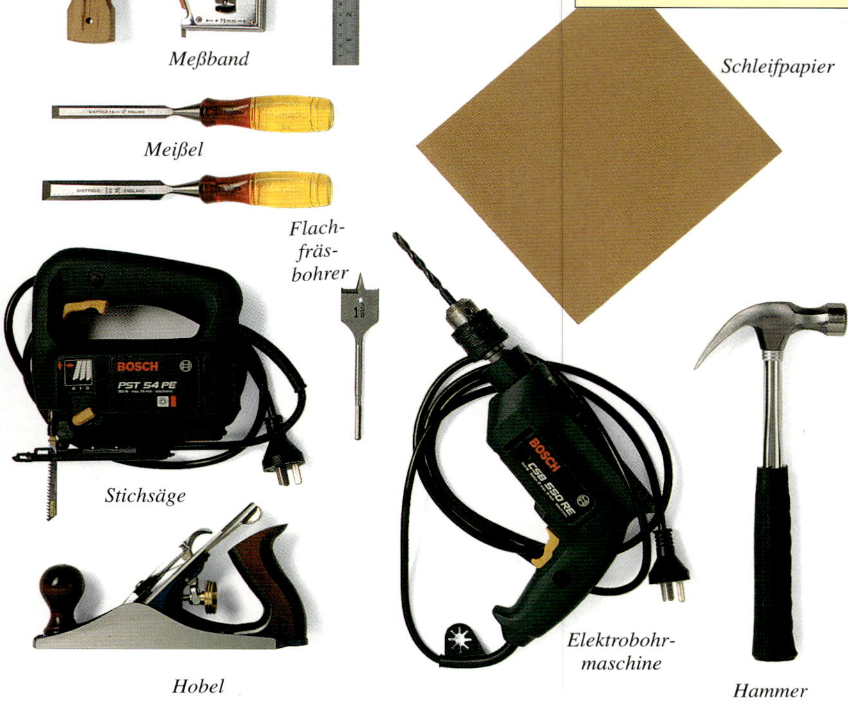

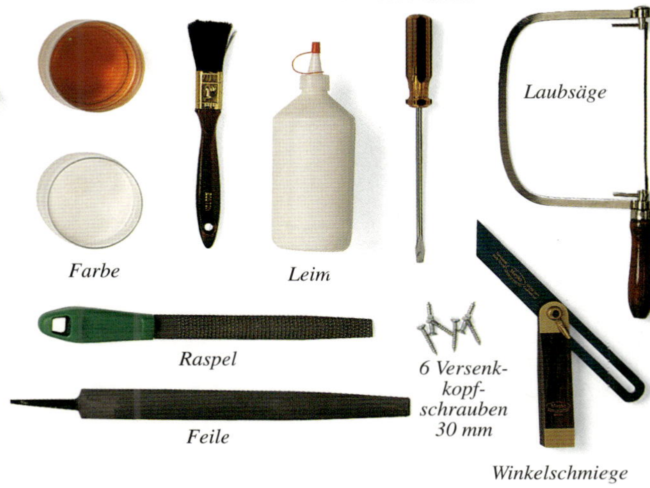

Arbeitsablauf Schritt für Schritt

1 Die zwei Teile für den Sitz miteinander verleimen. Muster übertragen (Seite 154), Sitz und Rückenlehne mit der Stichsäge aussägen. In Rückenlehne großes Loch bohren, Öffnung mit der Stichsäge aussägen. Mit Raspel und Schleifpapier glattschleifen.

2 Am unteren Rand der Rückenlehne mit dem Streichmaß einen langen Zapfen markieren, mit Schlägel und Meißel ausschneiden. Der Zapfen muß so abgefast (abgeschrägt) werden, daß die Rückenlehne mit dem Sitz hinten einen Winkel von 80° bildet.

3 Mit Schlägel und Meißel in den Sitz einen Schlitz im Winkel von 80° schneiden. Mit der Winkelschmiege prüfen, ob der Winkel stimmt. Der Zapfen der Rückenlehne muß genau in den Schlitz passen. Schlitz mit Feile und Schleifpapier glattschleifen (siehe Seite 140).

4 Den Sitz mit Raspel, Feile und Schleifpapier rundum glattschleifen, so daß keine scharfen Kanten bleiben. Mit Flachfräsbohrer vier Löcher in den Sitz bohren; Winkel für die beiden hinteren Löcher 70°, für die beiden vorderen Löcher 80°.

5 Die Beine auf einen achteckigen Querschnitt abhobeln, oben mit der Raspel auf einen runden Querschnitt abschleifen, damit sie in die Löcher des Sitzes passen. Beine so in den Sitz einführen, daß die Faserrichtung möglichst gut übereinstimmt.

6 Quer über das obere Ende der Beine einen Strich zeichnen. Beine am unteren Ende so abfasen, daß sie eben auf dem Boden stehen. Beine herausnehmen, oben längs des markierten Strichs eine 30 mm tiefe Kerbe für den Keil sägen.

7 Das obere Ende jedes Beins mit Leim bestreichen, in den Sitz einführen. Einen Keil in jede Kerbe setzen, mit dem Schreinerklüpfel einschlagen. Die oben herausragenden Teile sauber abhobeln.

8 In die Unterseite des Sitzes Löcher bohren für die Schrauben, mit denen nachher die Stützleisten befestigt werden. Rückenlehne einsetzen. An beiden Enden des Zapfens je einen Keil einführen und mit dem Schreinerklüpfel einschlagen, damit die Rückenlehne fest sitzt.

9 Die beiden Stützleisten so bearbeiten und abschleifen, daß sie glatt zu beiden Seiten des Zapfens zu liegen kommen. Mit Leim und Schrauben befestigen. Fertigbearbeitung: Tünchen (siehe unten) , Antik-Bearbeitung (siehe Seite 86) oder Lackieren (siehe Seite 145).

Tünchen

Hellfarbiges Holz, zum Beispiel Kiefer, läßt sich gut mit einer hellen Tünche behandeln („tünchen" oder auch „weißen"). Das rohe Holz mit einem nassen Lappen anfeuchten. Die Tünche (oder ein Gemisch von weißer Farbe und Versiegler) mit einem breiten Pinsel auftragen. Überschüssige Tünche mit einem sauberen weichen Lappen abwischen.

Schaubild mit Einzelteilen

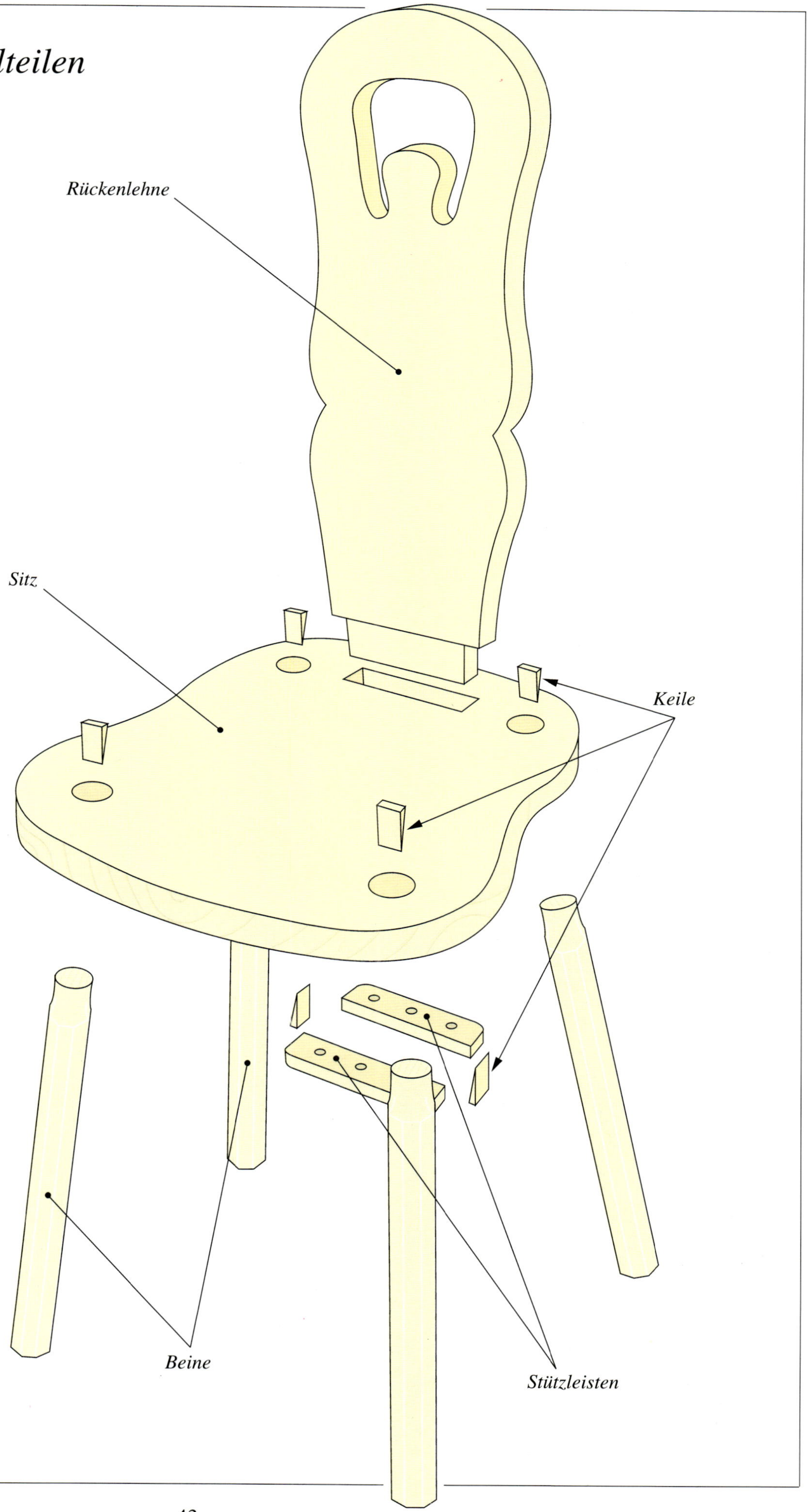

Ländliche französische Möbel

In jüngster Zeit hat das Interesse an den traditionellen Möbeln aus dem ländlichen Frankreich stark zugenommen. Sie sind geprägt von dem während der Regierungszeit Ludwigs XV. entwickelten Stil. Klassische Formen, wie das Cabriole-Stuhlbein (geschweifte oder Pfotenform), geschnitzte Blumensträuße, Rosetten, Rocaille (Muschel) und zierliche Simse sind das Erbe dieser reichen Tradition.

Buttermodel

Gedruckte Handbücher, Kupferstiche und Holzschnitte lieferten den französischen Möbelschreinern jener Zeit ihre Vorlagen und sorgten für ein gewisses Maß an Einheitlichkeit. Das Zunftwesen und die damit verbundene Berufsausbildung trugen dazu ebenfalls bei. In Stadt und Land übten die Zünfte eine strenge Kontrolle über die Arbeit ihrer Mitglieder aus und boten Gewähr für einen hohen Grad der Kunstfertigkeit.

Dennoch gab es von einer Region zur andern recht große Unterschiede in der Dekoration und im Entwurf. Möbel aus Lothringen, aus der Normandie und aus der Provence sind reich an zierlichen, delikaten Dekorationen, diejenigen aus dem Poitou, der Picardie und der Champagne sind eher schlicht und nüchtern, und manche Möbel aus Burgund und dem Lyonnais wirken ausgesprochen vornehm, fast adlig. Aus den gebirgigen Gegenden der Auvergne und Gascogne und aus den Küstengebieten der Bretagne und des französischen Baskenlandes stammen dagegen Möbel, deren Entwurf recht naiv und primitiv ist.

Die meisten Regionen kannten den „Armoire" als Vorläufer des Kleiderschranks, die Truhe oder Kommode und den praktischen Küchenschrank. Als Beispiel einer regionalen Spezialität sei das bretonische Kastenbett (lit clos) erwähnt. Die Holzarten variieren natürlich je nach der Verfügbarkeit. So wurden importierte Nadelhölzer, Ebenholz und Mahagoni vor allem in den Hafenstädten verarbeitet. Das einheimische Eichenholz wurde manchmal mit Wachs und Lack behandelt, um ihm das Aussehen von Mahagoni zu geben. Auch das Holz des Nußbaums, der Edelkastanie und verschiedener Obstbäume – vor allem Kirschbaum und Birnbaum – war in der Möbelschreinerei beliebt.

Armoire (Kleiderschrank)

Die Motive der Dekoration reichen vom einfachen Rautenmuster bis zu sehr aufwendigen Schnitzereien. Intarsien, „Clontage" (Verzierungen mit Messing- oder Kupfernägeln) und Brandmalerei bereichern manches Möbelstück. Möbel aus billigem Holz wurden oft ein- oder mehrfarbig bemalt, um die Einzelheiten der Schnitzerei hervorzuheben. Nur selten verzichtete man gänzlich auf jede Verzierung; zumindest versah man ein sonst völlig schmuckloses Möbel beispielsweise mit einer hübschen Zierleiste.

Teilweise abgeblätterte Farbe und Vergoldung an einer Schnitzerei

Kaffeemühlen und andere hölzerne Gerätschaften in einem französischen Küchenschrank

Beispiele und Varianten

Formgebung und Schnitzerei spielten bei den ländlichen französischen Möbeln eine wichtige Rolle. Die Dekorationen reichten von einfachen geometrischen Figuren – Raute, Stern und Rosette – bis zu komplizierten Girlanden und Akanthus-Ornamenten. Auch Intarsien waren beliebt; so wurden viele Stücke mit kleinen eingelegten Sternen aus zwei oder drei verschiedenfarbigen Holzarten verziert. Der französische ländliche Stil ist jedoch nicht nur durch Einzelheiten charakterisiert; vielmehr sagt die Gesamtform eines Stückes viel über dessen Herkunft aus.

Scharniere

Armoires (Kleiderschränke) weisen häufig Scharniere mit einer Verzierung oben und unten auf.

Tischformen

Dieser niedrige Tisch ist eine mögliche Variante zu dem in diesem Kapitel beschriebenen Projekt. Beide weisen Cabriole-Beine und Schnitzereien an den Zargen auf.

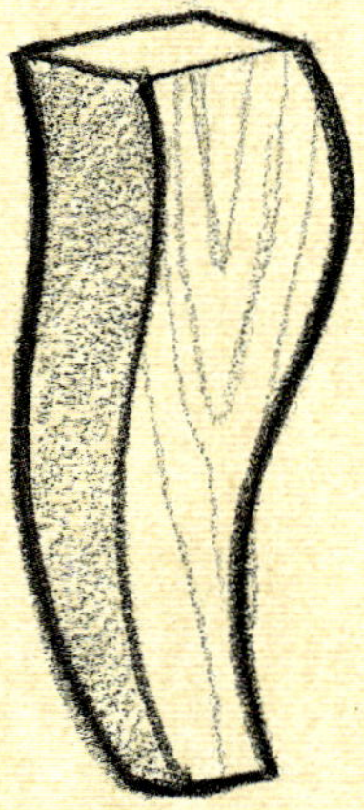

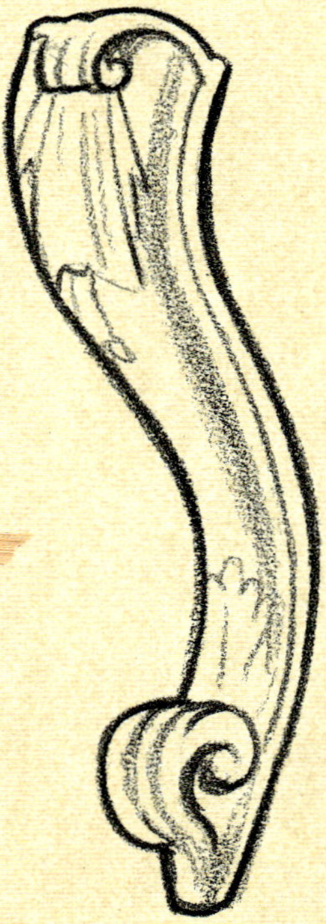

Beinformen

Das zierlich geschweifte Cabriole-Stuhlbein ist ein typisches Merkmal; es gibt aber viele Varianten in der Form des Beines.

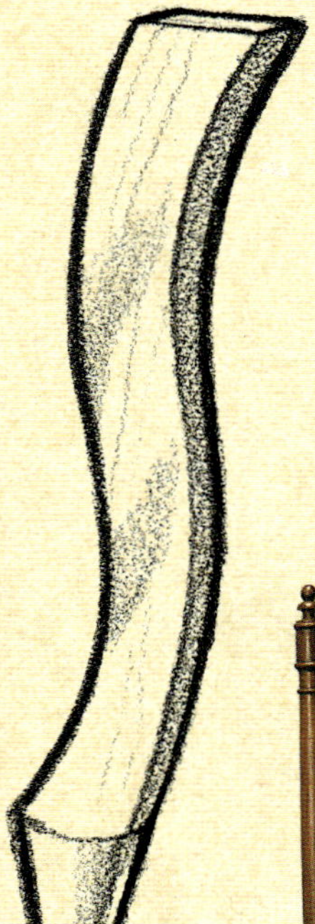

Kalken/Verdünnter Farbanstrich

Ein Überzug mit einer verdünnten weißen Farbe oder Pastellfarbe gibt dem frischen Holz einen subtilen Effekt.

Möbelstoffe

Weiß und blau gemusterte Stoffe sind für die Möbel der französischen Provinz typisch.

Holzarten

Neben den hier gezeigten Holzarten waren Obstbaumhölzer beliebt, insbesondere Birnbaum und Kirschbaum, in Südfrankreich ferner auch Olivenbaum und Linde.

Europäische Eiche

Europäische Esche

Nußbaum

Griffe

Selbst die schlichteste Kommode ist zumindest mit einem verzierten Griff geschmückt.

Blumenmuster

Viele Möbel weisen einen als Relief geschnitzten Blumenstrauß in einem Korb oder einem Füllhorn auf.

Stil

Eine klassische französische Kombination: die geschweiften Beine, die geschnitzten Motive und der mit Möbelstoff und Messingnägeln verzierte Sitz.

Klassische Motive

Spiralen und Rocaillen (stilisierte Muscheln) verzieren viele aufwendiger gearbeitete Stücke.

Projekt: Hölzerner Traubenkorb aus der Dordogne

Die Winzer der Dordogne verwenden hölzerne Traubenkörbe mit abgeschrägter Seitenwand. In anderen Gegenden Frankreichs trägt man einen geflochtenen Tragkorb auf dem Rücken. Der Henkel des hölzernen Korbes wird aus irgendeinem gerade verfügbaren Material gemacht, zum Beispiel aus einer kräftigen Ranke des Rebstocks oder einem zähen, biegsamen Baumzweig.

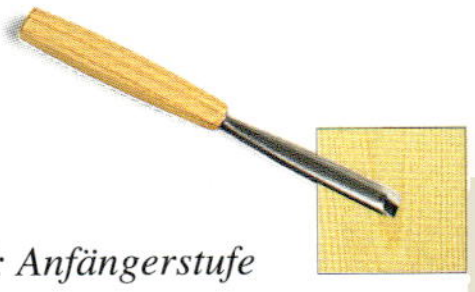

Schwierigkeitsgrad: Anfängerstufe

Projekt-Übersicht

Holz: Kiefer

- Abfasen (siehe Seite 141)
- Zusammensetzen (siehe unten)
- Endbearbeitung (siehe Seite 144)

Arbeitsablauf Schritt für Schritt

1 Alle Stücke auf das richtige Maß zuschneiden (siehe Seite 155). Von Hand an den beiden unteren Teilen der Schmalseiten beide Längskanten auf einen Winkel von 45° abhobeln, Winkel mit der Winkelschmiege prüfen.

2 In Schmalseiten und Boden Schraubenlöcher markieren und bohren, dann mit dem Versenkfräser oben erweitern. Teile zusammenschrauben. Die Ecken abfasen.

3 An beiden Enden des Henkels ein genügend langes Stück der Innenseite flachschneiden oder -schleifen, Henkel befeuchten, bis er biegsam genug ist, dann formen und auf jeder Seite mit zwei Schrauben außen am Korb befestigen. Endbehandlung mit Schleifpapier, Beize und Wachs.

Projekt: Seitentisch in ländlichem französischem Stil

Die geschweiften Beine und die eleganten Proportionen dieses kleinen Tisches sind für den ländlichen französischen Stil charakteristisch. Der fertige Tisch wird mit einem spitzigen Gegenstand absichtlich an mehreren Stellen beschädigt und zerkratzt, um ihm ein „antikes“ Aussehen zu verleihen.

Schwierigkeitsgrad: Fortgeschrittenenstufe

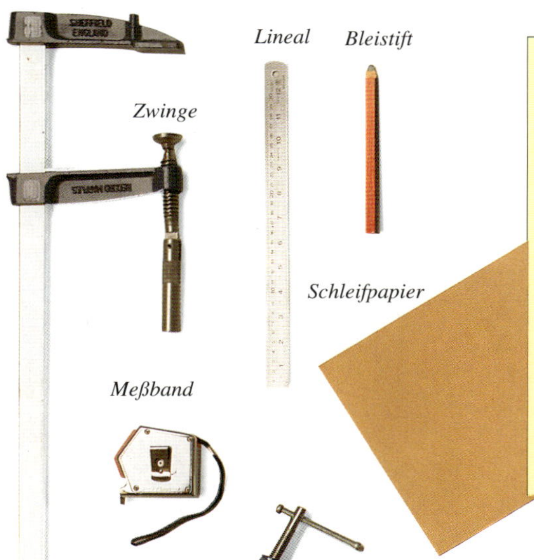

Projekt-Übersicht

Holz: Douglas-Fichte

- Profilgestaltung (siehe Seite 140)
- Arbeit mit der Oberfräse (siehe Seite 139)
- Verbindungen (siehe Seite 142)
- Schnitzen (siehe Seite 141)
- Beschädigen (siehe Seite 96)
- Zusammensetzen (siehe unten)
- Endbearbeitung (siehe Seite 144)

Arbeitsablauf Schritt für Schritt

1 Holz zuschneiden (siehe Seite 156). Dabei ist darauf zu achten, daß die Maserung bei allen vier Beinen zusammenpaßt (siehe nächste Seite). Muster übertragen. An den zwei inneren Seiten der Beine und an den Frontseiten der Zargen Dübellöcher markieren und bohren.

2 Mit der Stichsäge die Profile der Zargen aussägen. Mit der Oberfräse an der oberen Kante der Zargen eine Kerbe von 6 x 6 mm Querschnitt ausfräsen. In diese Kerben werden nachher die Tischblattklammern eingefügt.

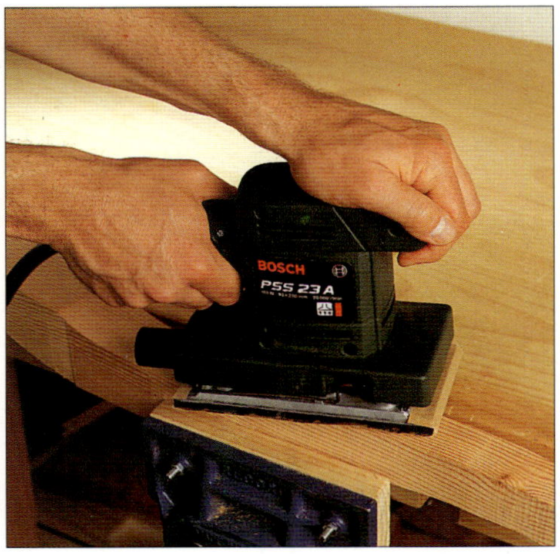

3 Profil der Beine mit einer Bandsäge aussägen (siehe Einzelheiten auf der nächsten Seite). Wenn Sie keine Bandsäge zur Verfügung haben, formen Sie die Beine mit dem Putzhobel oder mit einem scharfen Schnitzermesser. Mit dem Schwingschleifer glattschleifen.

4 Tischplatte mit Band- oder Stichsäge aussägen. Dann mit der Oberfräse der Kante entlang das Profil formen.

5 Mit Meißel und Hohlmeißel Zargen schnitzen und Kanten abfasen, dann mit Schleifpapier sauber abrunden.

6 Mit Messer oder gut gespitztem Bleistift im Abstand von etwa 2 mm vom Rand der Zarge eine Linie ziehen. Mit dem Meißel über dieser Linie eine Kerbe formen.

7 Hintergrund entlang dieser Linie mit Meißel oder Hohlmeißel abstechen. Das so gebildete Profil dient zur Dekoration; es kann bis etwa 4 mm tief sein. Mit feinem Schleifpapier bearbeiten.

8 Alle Oberflächen zerkratzen, zum Beispiel mit einem Backsteinbrocken, mit scharfkantigen Schlüsseln oder etwas ähnlichem (siehe Seite 96). Dann alle diese Kratzspuren mit grobem Schleifpapier wieder halbwegs zum Verschwinden bringen.

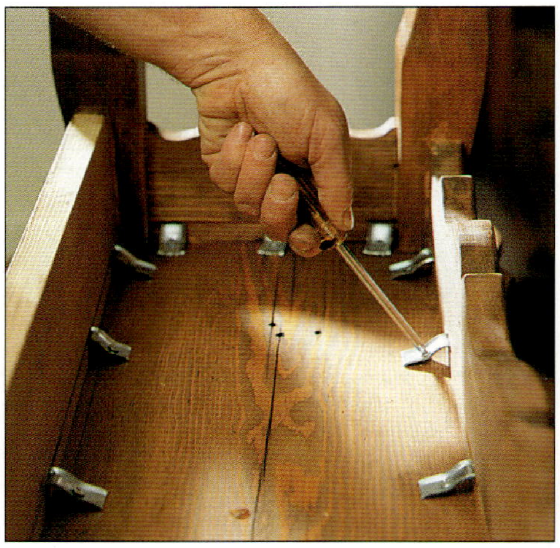

9 Zargen und Beine zusammenfügen: Dübel einleimen, Zargenkanten mit Leim bestreichen, Zargen und Beine mit Zwingen verklammern. Wenn Leim trocken, alle Teile beizen, trocknen lassen, Tischplatte mit Klammern an Zargen befestigen. Endbearbeitung: dünner Lack, Bienenwachs.

Detail: Zuschneiden der Tischbeine

Erster Schritt: Nach der Vorlage auf Seite 156 eine Schablone anfertigen, Profil auf Ober- und Unterseite des Balkens mit dem quadratischen Querschnitt übertragen. Dann Schablone umkippen und Profil auf Vorder- und Hinterseite des Balkens übertragen (siehe punktierte Linie auf der nebenstehenden Skizze). Mit Bandsäge oder Stichsäge das erste Profil aussägen (in der Skizze als „erster Schnitt" und „zweiter Schnitt" bezeichnet).

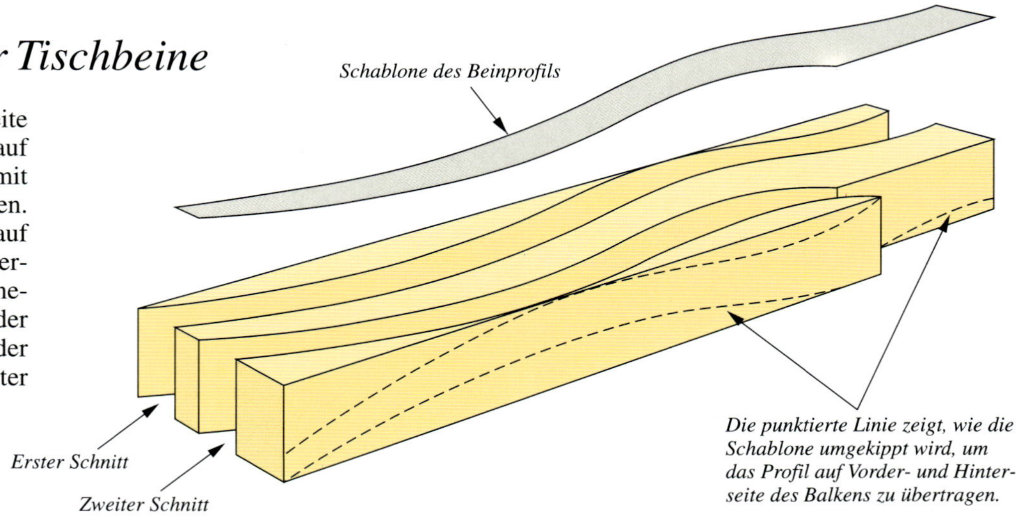

Schaubild mit Einzelteilen

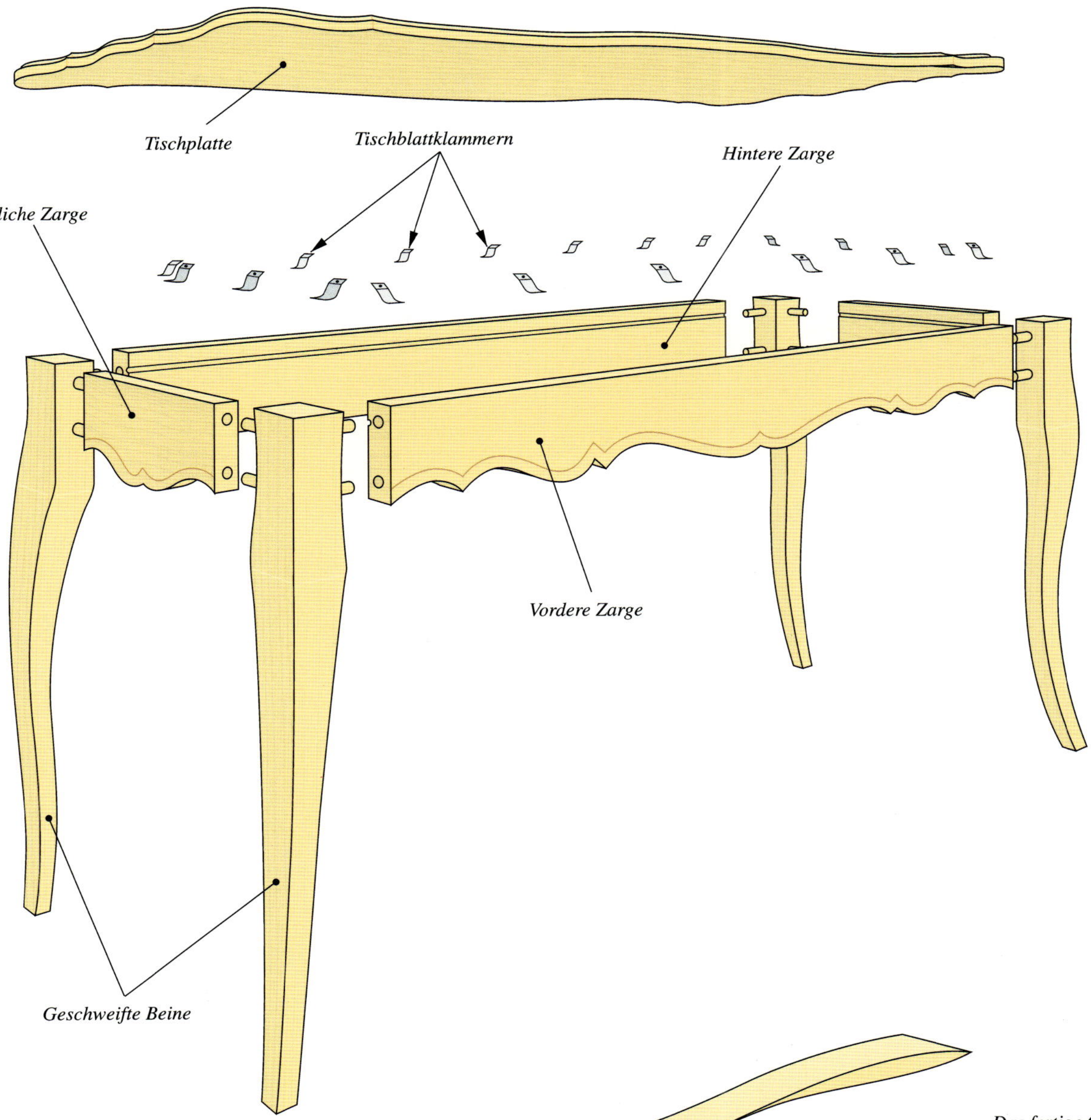

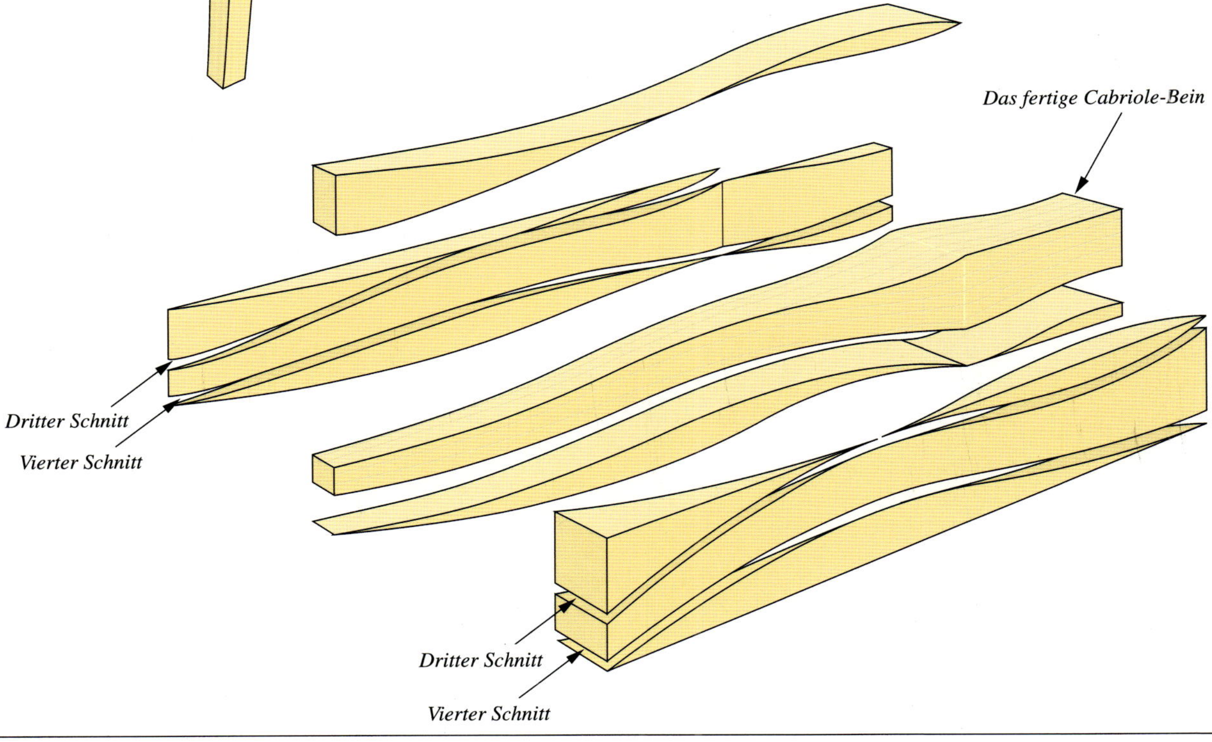

Zweiter Schritt: Die vorher abgeschnittenen Teile mit Klebestreifen mit dem Hauptteil verbinden, so daß der Balken wieder vollständig ist. Man erhält damit eine einfache Form für die weitere Arbeit. Dann den dritten und vierten Schnitt ausführen, die das fertige geschweifte Bein (Cabriole-Bein) ergeben.

Treen-Gegenstände von den Britischen Inseln

Lange bevor Gegenstände aus Ton und Keramik, Zinn, Glas oder gar Kunststoff Allgemeingut waren, wurden kleine Artikel des täglichen Gebrauchs – Löffel, Teller, Trinkbecher, Schachteln und andere mehr – aus Holz hergestellt. Diese kleinen Gegenstände wurden sorgfältig angefertigt, meistens aus einem einzigen Stück Holz, und werden auf den Britischen Inseln als Treen oder Treenware bezeichnet.

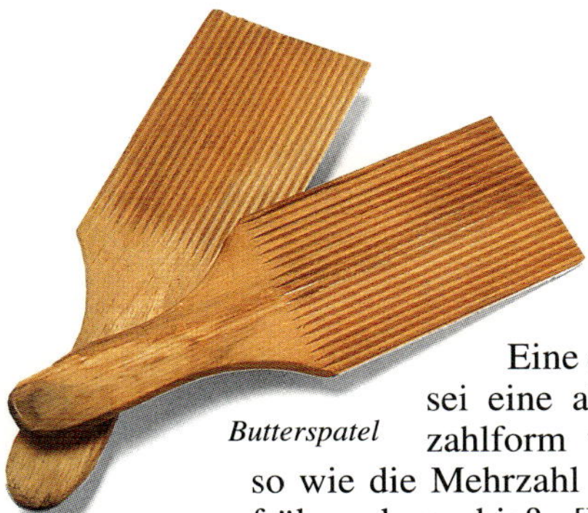

Butterspatel

Über den Ursprung des Namens Treen gibt es verschiedene Erklärungen. Eine davon lautet, treen sei eine altenglische Mehrzahlform von tree (Baum), so wie die Mehrzahl von shoe (Schuh) früher shoen hieß. [In einem Wörterbuch von 1827 findet sich „treen" noch und wird mit „hölzern" übersetzt.] Nach einer anderen Theorie besteht ein Zusammenhang mit dem Verb to turn (drehen oder drechseln, also Holzbearbeitung auf der Drehbank), und in diesem Sinn wurde der Ausdruck treen auch für auf der Töpferscheibe hergestellte kleine Tonwaren angewendet. Wie dem auch sei, heute wird der Name für kleine hölzerne Haushaltartikel etwa bis zur Größe eines Spinnrades verwendet.

Überall auf den Britischen Inseln stand Holz zur Verfügung. Man mußte es bloß trocknen lassen und konnte es dann ohne weitere Vorbereitung verarbeiten, und die fertigen Gegenstände erforderten weder ein Brennen noch eine sonstige aufwendige Nachbehandlung. Die Eigenschaften der Treenware-Artikel wurden früher schon genau so geschätzt wie heute: die Schönheit und Vielseitigkeit der Holzmaserung, die natürlichen Farbtöne, die glatte, sich angenehm anfühlende Oberfläche, die schlichte Eleganz der Formen und die altehrwürdige, seidenartige Patina, die sich mit der Zeit bildet.

Treen-Gegenstände wurden meistens aus einem Stück Holz hergestellt, und nur selten wurden mehrere Teile miteinander verleimt oder sonstwie verbunden. Sie wurden mit Besitzerstolz von Generation zu Generation vererbt; alte Testamente verlangten manchmal ausdrücklich eine gerechte Verteilung der zum Familiengut gehörenden Treenware-Artikel.

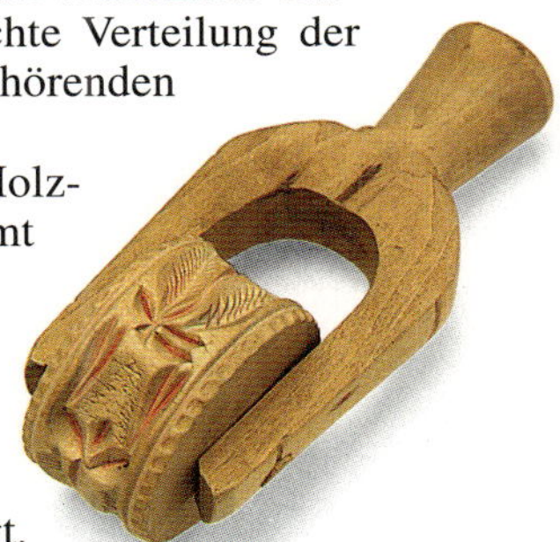

Rollmodel

Die Wahl der Holzarten wurde bestimmt durch die vom fertigen Gegenstand verlangten Eigenschaften. Im allgemeinen wurden Harthölzer bevorzugt. Vor allem Pockholz (Lignum vitae oder Guaiacum), die härteste aller Holzarten, war sehr beliebt. Dieses Holz ist außerordentlich dicht und schwer, weil es die meisten seiner natürlichen Öle behält. Es konnte nur von erfahrenen Handwerkern richtig bearbeitet werden, deren Geschicklichkeit, Kraft und Geduld Gegenstände ergaben, welche die natürliche Schönheit der dunklen Maserung, durchsetzt von gelben oder grünen Streifen, voll zur Geltung bringen.

Die schlichte Eleganz dieser Holzschale ist typisch für den Treenware-Stil.

Eine wundervolle Sammlung von Treenware-Geräten verleiht diesem Küchenschrank eine prächtig rustikale Note.

Beispiele und Varianten

Treen-Gegenstände wurden in großer Vielfalt hergestellt. Viele schöne Stücke sind heute noch im Handel und werden überall auf der Welt gesammelt. Oft wurden die Stücke sowohl gedrechselt als auch geschnitzt. Es gibt sogar hölzerne Mausefallen mit Schiebetürchen, die durch eine Kombination von Rollen und Gewichten betätigt werden. Auf dem Eßtisch standen Treen-Gegenstände wie Tranchierbretter, Schalen, Trinkbecher, Salz- und Pfefferstreuer, Servierbretter, Pokale mit Deckel, Schöpfkellen und andere mehr.

Buttermodel

Gerätschaften für Lebensmittel mußten aus Holzarten gemacht werden, die frei von Geruchs- und Geschmacksstoffen und natürlich giftfrei waren; zudem mußte das Holz gegen die in den betreffenden Produkten enthaltenen Substanzen beständig sein und durfte sich durch ständigen Gebrauch und häufiges Abwaschen weder verziehen noch splittern oder springen.

Kerzenhalter

Viele Haushalts- und andere kleine Artikel wurden aus Holz angefertigt, so zum Beispiel diese Kerzenhalter, ferner Brettspiele, Kegel, Schreibzeuge usw.

Salzkasten

Zu den Küchengerätschaften aus Treenware gehörten Salzkästen, stapelbare Gewürztöpfe, Nudelhölzer, Mörser und Stößel, Teedosen, Kaffeemühlen, Zitronenpressen und Trichter.

Schlagstock

Der Griff war manchmal schlicht gestaltet, wie der hier abgebildete; andere hatten beispielsweise eine geschnitzte Hand als Griff.

Liebeslöffel

Einige Artikel weisen aufwendige Schnitzereien auf, besonders wenn sie eine symbolische Bedeutung haben, wie diese walisischen Liebeslöffel.

Schmuckdose

Diese Schmuckdose wurde aus einem Knoten am Stamm eines Nußbaums gemacht. Solche Knoten zeigen, wenn sie geschnitten werden, eine prächtige, vielfältige Maserung. Sie sind daher vor allem für Ziergegenstände sehr beliebt.

Holzarten

Zu den beliebtesten Holzarten zählen Bergahorn, Kirschbaum und andere Obstbaumarten, Ahorn und Mahagoni.

Kirschbaum

Rosa Mahagoni

Walnuß (englisch)

Rosa Ahorn

Dekoration

Diese Handschuhschachtel weist eine „falsche Intarsie" (Einlegearbeit) als Verzierung auf. Dieser Effekt wird erzielt, indem man auf dem hellfarbigen Holz eine Federzeichnung anbringt und dann einzelne Partien übermalt.

Projekt: Treen-Kerzenhalter

Dieser schlichte und doch elegante Kerzenhalter ist aus mehreren Stücken zusammengesetzt, die nur durch Leim verbunden sind. Ein ideales Objekt für die Anfängerin oder den Anfänger. Die Seitenwände schützen die Kerzenflamme vor Zugluft. Der fertige Kerzenhalter kann aufgestellt oder an der Wand aufgehängt werden.

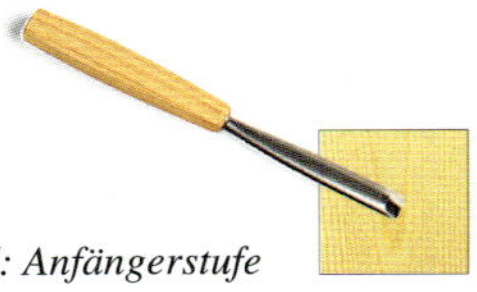

Schwierigkeitsgrad: Anfängerstufe

Projekt-Übersicht

Holz: Walnuß

- Entwurf auf Holz übertragen (siehe Seite 157)
- Löcher bohren (siehe Seite 60)
- Zusammensetzen (siehe unten)
- Endbearbeitung (siehe Seite 144)

Arbeitsablauf Schritt für Schritt

1 Brett auf Maß schneiden (siehe Seite 157). Muster auf Holz übertragen (für Rundungen Zirkel benutzen), mit Bleistift oder Messer deutlich markieren.

2 In die Rückwand ein Loch von 8 mm, in das ringförmige Stück ein Loch von 20 mm Durchmesser bohren, letzteres mit dem Flachfräsbohrer.

3 Brett mit Schraubzwingen am Arbeitstisch befestigen. Boden, Rückwand und Seitenwände mit der Stichsäge aussägen (siehe Seite 139).

4 Mit Rückensäge und Meißel an beiden Seitenwänden einen Falz von 12 x 6 mm schneiden (siehe Seite 139). In diesen Falz wird nachher der Boden eingefügt.

5 Alle Teile mit Schleifpapier sauber abschleifen. Teile zusammenfügen, prüfen, ob alles stimmt, dann leimen. Mit den Schraubzwingen leicht zusammenpressen, bis der Leim trocken ist.

6 Den ringförmigen Teil mit der Laubsäge aussägen, Kanten abschleifen, Ring auf den Boden leimen. Endbearbeitung mit Wachs.

Löcher bohren

Bohren Sie die Löcher, bevor Sie den Ring und die Rückwand aus dem großen Brett aussägen. Ein großes Brett läßt sich besser befestigen zum Bohren der Löcher als ein kleines; die Arbeit ist viel einfacher. Zumindest für das große Loch benutzen Sie am besten einen Flachfräsbohrer. Der ringförmige Teil wird mit der Laubsäge ausgesägt, die übrigen Teile mit der Stichsäge.

Schaubild mit Einzelteilen

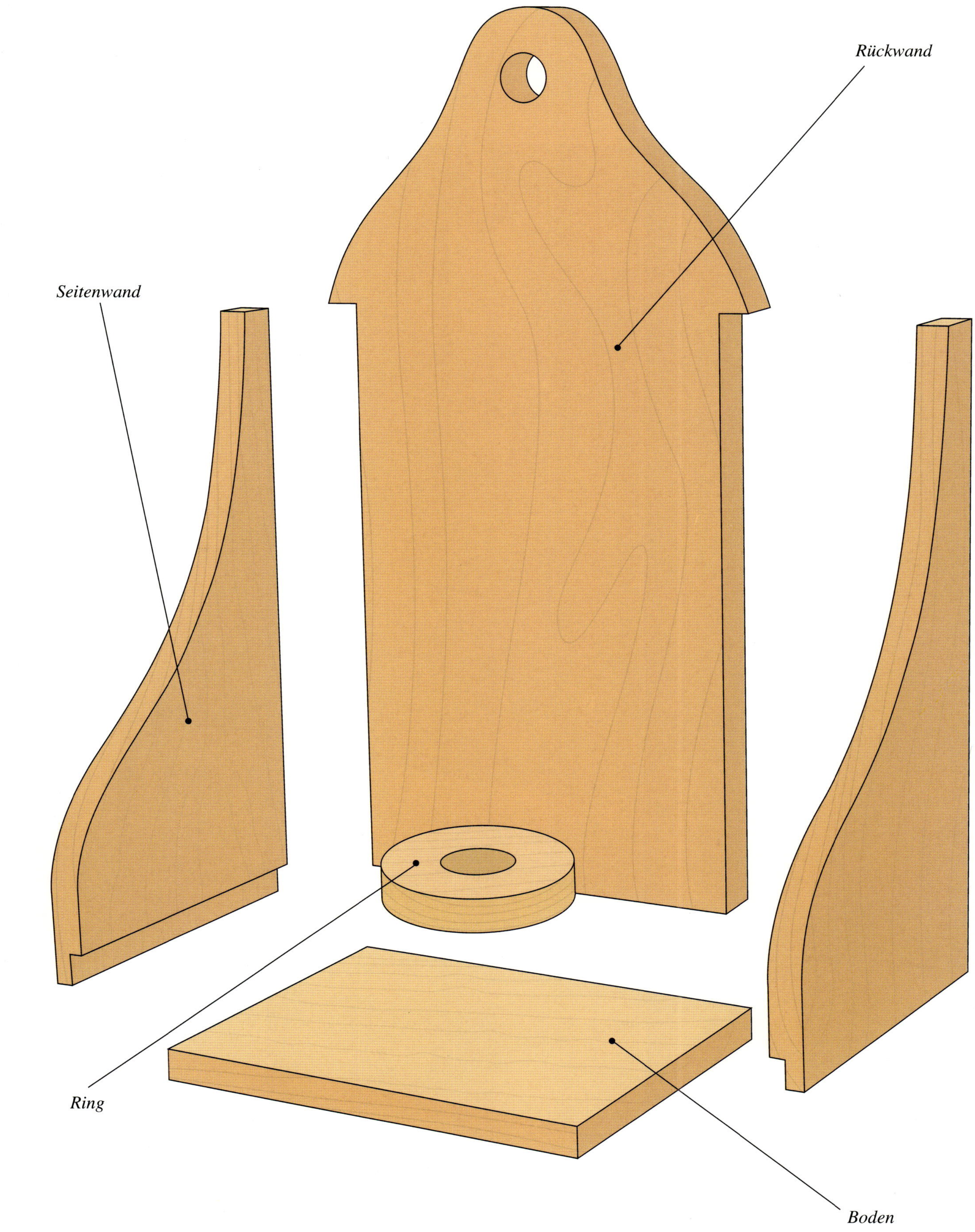

Projekt: Treen-Schmuckkästchen

Die meisten Treen-Artikel sind aus einem einzigen Stück Holz angefertigt; aber dieses Schmuckkästchen besteht aus zwei Holzarten. Dadurch wird der im übrigen sehr schlichte Gegenstand belebt. Das in den Deckel eingelegte Nußbaumholz verleiht dem fertigen Kästchen eine elegante Note. Exakte Arbeit ist hier unerläßlich.

Schwierigkeitsgrad: Mittlere Stufe

Projekt-Übersicht

Holz: Rosa Mahagoni und Walnuß

- Arbeit mit der Oberfräse (siehe Seite 139)
- Gehrungen (siehe Seite 138)
- Zusammensetzen (siehe unten)
- Endbearbeitung (siehe Seite 144)
- Einlegen (siehe nächste Seite)

Arbeitsablauf Schritt für Schritt

1 Bretter auf die richtigen Breiten zuschneiden (siehe Seite 158). Mit der Oberfräse an beiden Seiten der Schachtel- und Deckelwände einen Falz von 6 mm ausfräsen. Die einzelnen Stücke auf die erforderliche Länge schneiden.

2 Schachtelwände und Deckelwände mit Klebestreifen miteinander verbinden. Mit Hilfe der Gehrungslade mit der Rückensäge Gehrungen im Winkel von 45° sägen. Es werden je zwei Längsseiten von 180 mm und je zwei Schmalseiten von 90 mm Länge gebraucht.

3 Die vier Schachtelwände zu einem Rahmen zusammenfügen, ebenso die vier Deckelwände. Prüfen, ob die beiden Rahmen genau aufeinander passen und ob alle Winkel exakt stimmen, dann leimen. Rahmen mit Klebestreifen festhalten, bis der Leim trocken ist.

4 Das Walnußbrettchen für den Deckel so zuschneiden, daß es je 1 mm länger und breiter ist als der Falz im Rahmen, dann vorsichtig mit Feile und Schleifpapier bearbeiten, bis es exakt in den Falz paßt; dann einleimen.

5 Das dünne Bodenbrettchen so zuschneiden, daß es genau in den Falz des Schachtelrahmens paßt. Das Bodenbrettchen nötigenfalls mit einer passenden Farbe bemalen. Auf die weniger schöne Seite des Bodenbrettchens ein Filzrechteck der genau gleichen Größe leimen.

6 Alle Holzteile mit farblosem Lack behandeln. In einem staubfreien Raum trocknen lassen. Nach dem Trocknen den Boden in den Schachtelrahmen leimen, so daß der Filz innen ist.

Einlegearbeit

Bei der echten Einlegearbeit (Intarsia) werden Holzstücke in vorbereitete Lücken eines andersfarbigen Holzes eingefügt. Diese Technik kam aus Italien nach anderen europäischen Ländern und war beispielsweise in Frankreich, in Deutschland und in den Niederlanden eine sehr beliebte Methode zur Verzierung von Möbeln. Für unser Projekt begnügen wir uns mit einer einfacheren Variante, indem ein rechteckiges Stück Walnußholz in den Rahmen aus Rosa Mahagoni eingefügt wird. Auch das gibt einen sehr schönen Effekt.

Schaubild mit Einzelteilen

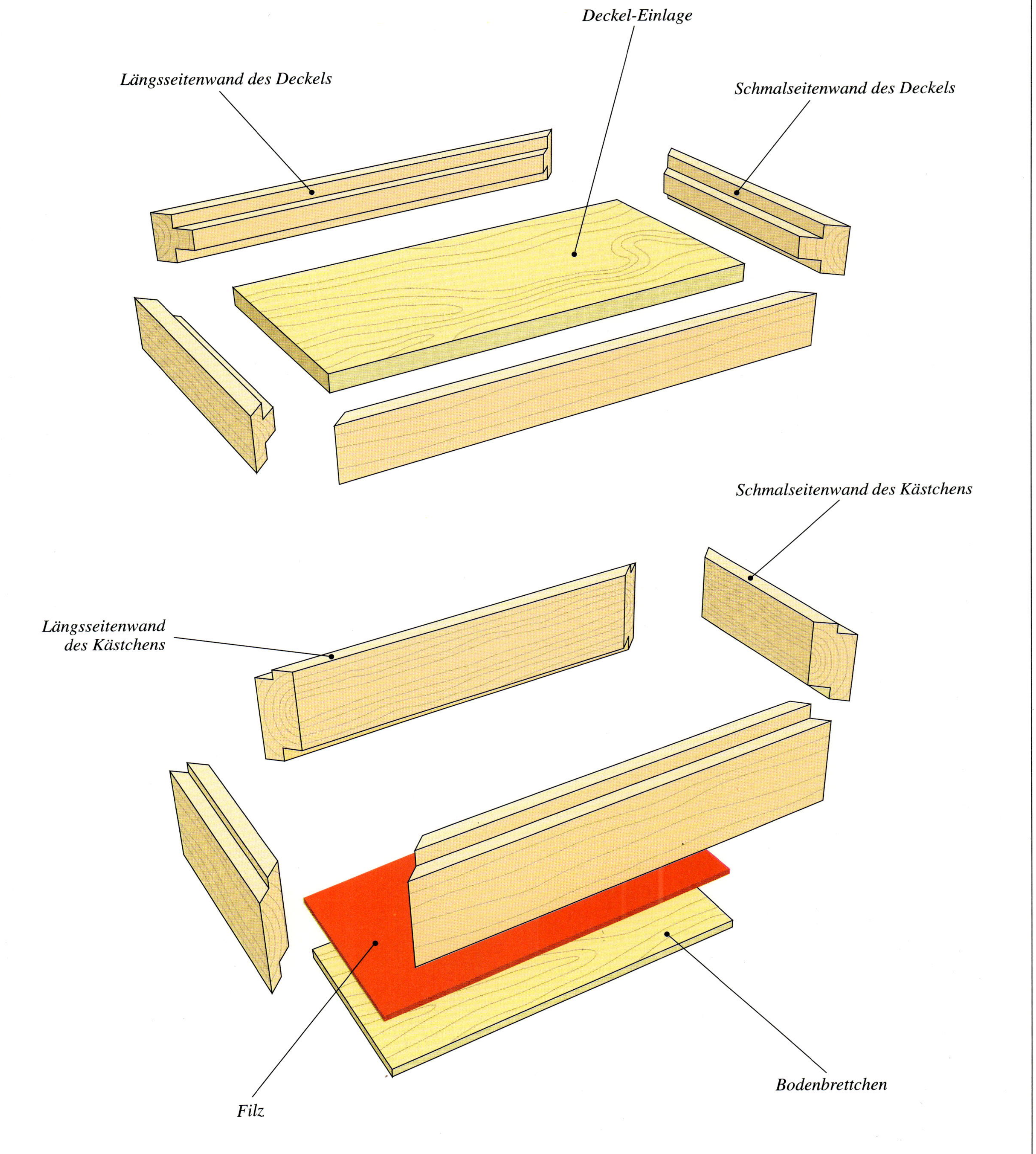

Deutsche Traditionen

Die Stilrichtungen der deutschen Möbelschreinerkunst wurden im Laufe der Zeit von vielen Strömungen der europäischen Kunst und Architektur beeinflußt: Romanik, Gotik, Renaissance, Barock und Rokoko. Die interessantesten Beispiele der deutschen Holzbearbeitung aus jenen Epochen stammen von der ländlichen Bevölkerung der gebirgigen Gegenden. Mit dem Aufkommen des Klassizismus entwickelten die deutschen Möbelmacher eigenständige ungekünstelte und kräftige Formen.

Weinfaß

Im Mittelalter bildeten die wichtigsten schweren Möbel oft einen untrennbaren Bestandteil des Hauses. Neben Tischen und Stühlen gehörte der Vorratsschrank zu den ersten beweglichen, „mobilen“ (daher das Wort „Möbel“) größeren Einrichtungsgegenständen. Er bestand meistens aus Kiefer-, Eschen- oder Eichenholz; die Oberfläche wurde mit heißem Wachs behandelt. Die Konstruktionsart des Schrankes änderte sich mit der Zeit, als neue Arten der Vorbereitung des Holzes und neue Techniken zur Verbindung einzelner Teile entwickelt wurden. Bis zum Aufkommen der Sägereien im 15. Jahrhundert wurden die Bretter mit der Axt aus dem Stamm gehauen und abgeflacht. Diese grob bearbeiteten Stücke wurden von den Schreinern unter Verwendung der Schlitz-und-Zapfen-Verbindung zusammengefügt.

Als gesägte Bretter verfügbar wurden, setzten geschickte Schreiner diese – zunächst mit stumpfen Verbindungen – zusammen, um daraus Schränke und Truhen in der Art der in diesem Kapitel beschriebenen Stücke zu machen. Später kamen die aus Rahmen und Füllung bestehenden und mittels Zungen-und-Nut-Verbindungen hergestellten Möbel auf.

In früheren Zeiten war es fast selbstverständlich, daß zumindest eine Truhe zur Aussteuer einer Braut gehörte. Manchmal brachte die Braut noch weitere Möbel in den Hausstand ein, zum Beispiel ein Bett, einen Kleiderschrank, ein Büfett und einen Eckschrank. Dann waren alle Stücke in Stil und Ausführung aufeinander abgestimmt. Alte deutsche Möbel wurden oft ein- oder zweifarbig bemalt oder mit einfachen Schnitzereien geschmückt. Für diese Verzierungen wählte man geometrische Figuren, wie Raute, Stern oder Sonne. Viele davon hatten ihren Ursprung in alten heidnischen Symbolen. Nach und nach waren geschickte Künstler und Künstlerinnen immer mehr gefragt und wandten sich aufwendigeren Malereien und Schnitzereien zu. Herzen, Blumen und Vögel gehörten zu den beliebtesten Motiven.

Nachttischchen

In der zweiten Hälfte des 18. Jahrhunderts entwickelte sich ein klassischer Stil. Die deutschen Holzbearbeiter erwarben sich einen bleibenden Ruf für einfache, zweckmäßige Entwürfe, sorgfältige Arbeit und Aufmerksamkeit für das Detail.

Bayrische Kuckucksuhr

Die reiche Maserung des Holzes und die klassischen Formen tragen zum Reiz der Inneneinrichtung eines gemütlichen Landgasthofes bei.

Beispiele und Varianten

Die traditionelle deutsche Schnitzerkunst ist auch heute noch lebendig, und ein Schwerpunkt dafür ist vor allem Bayern. In den staatlichen Schnitzerschulen von Oberammergau, dem wegen der Passionsspiele weltberühmten Dorf, geben führende Künstler und Künstlerinnen Unterricht im Schnitzen von religiösen Figuren und Szenen, Kuckucksuhren und dekorativen Objekten. Holzgegenstände werden vor allem mit gemalten Blumenmotiven und ländlichen Szenen geschmückt.

Gemalte Dekorationen

Besonders beliebt sind reiche, zum Teil symmetrische Blumenmotive , wie sie dieses Schreibpult zeigt.

Stile

Eine Vielfalt schlichter Stuhlformen sind typisch für den deutschen Möbelstil. Die Stühle dienten oft auch als Melkstuhl oder -schemel.

Stühle

Rückenlehnen von Stühlen zeigen Herzen, geometrische Formen, stilisierte Personendarstellungen, manchmal auch symbolische Figuren heidnischen Ursprungs als Schmuck.

Kleiderschrank

Dank der Konstruktion mit Rahmen und Füllung waren große Möbelstücke, wie dieser Schrank, solide und dauerhaft, aber trotzdem noch verhältnismäßig leicht.

rche Noah

ese einfache hölzerne rche besteht aus einem aus auf einer Barke t flachem Boden d ist mit paarweise rgestellten Tierfigu- n gefüllt.

Wandregal für Geschirr

Dieses elegant geschnitzte Regal zeigt einige der beliebten Motive, wie Herz und Stern.

Spanschachtel

Geschickte Malereien wurden oft verwendet, um eine Einlegearbeit (Intarsien) vorzutäuschen, wie bei diesem Schmuckkästchen.

Eiche

Walnuß

Esche

Holzarten

Kiefer, Esche und Eiche gehörten zu den in der Möbelschreinerei am häufigsten verwendeten Holzarten. Die fertigen Möbel wurden mit heißem Wachs behandelt.

Projekt: Bayrische Wäschetruhe

Zu den wichtigsten Vorbereitungsarbeiten auf eine bayrische Hochzeit gehörte die Herstellung einer schön verzierten Wäschetruhe. Deutsche Auswanderer brachten diese Tradition mit nach Amerika. Diese mit Dübeln versehene Truhe wurde mit einem hübschen Motiv von Blumen und einem Herzen bemalt, beides beliebte Motive der Bauernmalerei.

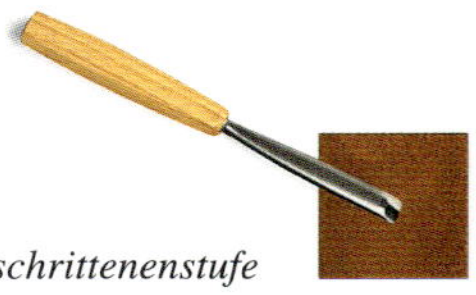

Schwierigkeitsgrad: Fortgeschrittenenstufe

Projekt-Übersicht

Holz: Monterey-Kiefer

- Verleimen (siehe Seite 18)
- Entwurf übertragen (siehe Seite 159)
- Arbeit mit der Stichsäge (siehe Seite 141)
- Dübel (siehe Seite 72)
- Querleisten und Deckel befestigen (siehe unten)
- Scharnier (siehe Seite 72)
- Zusammensetzen (siehe unten)
- Endbearbeitung (siehe Seite 144)

Arbeitsablauf Schritt für Schritt

1 Bretter zuschneiden (siehe Seite 159), alle Kanten rechtwinklig abhobeln. Die Teile der Füllung verleimen, zusammenklemmen, flach legen, mit Holzlatten und Schraubzwingen zusätzlich stützen. Nach dem Trocknen des Leims allfällige Reste weghobeln, Beschnitt nachbearbeiten.

2 Bestandteile der Schmalseiten mit der Stichsäge aussägen, auf der Innenseite glatthobeln und schleifen, verleimen wie oben angegeben. Seiten zusammensetzen; Dübellöcher 8 mm bohren, wie auf Seite 73 gezeigt. Dübel mit Leim bestreichen, mit dem Schlägel einschlagen.

3 Leisten im Inneren der Truhe einsetzen, leimen, mit den Schraubzwingen festhalten, bis der Leim trocken ist. Man kann die Leisten noch zusätzlich mit Nägeln befestigen. Die 6 Bodenbretter einsetzen, mit Nägeln befestigen.

4 Deckel auf die Truhe legen, mit der Zwinge genau an der richtigen Stelle festhalten, dann Dübellöcher bohren (siehe unten und Seite 73). Mit der Oberfräse rings um den Deckel ein Profil fräsen; dieses dient rein dekorativen Zwecken.

5 Kanten am Vorder- und Hinterteil des Deckels abfasen (siehe Seite 141), so daß das Klavier-Scharnier hineinpaßt. Scharnier mit den Versenkkopfschrauben an beiden Teilen des Deckels befestigen.

6 Hinterteil des Deckels mit den Dübeln auf der Truhe befestigen. Truhe mit Hobel und Schleifpapier behandeln, dann beizen oder mit einem selber entworfenen Motiv bemalen; Endbearbeitung mit Wachs.

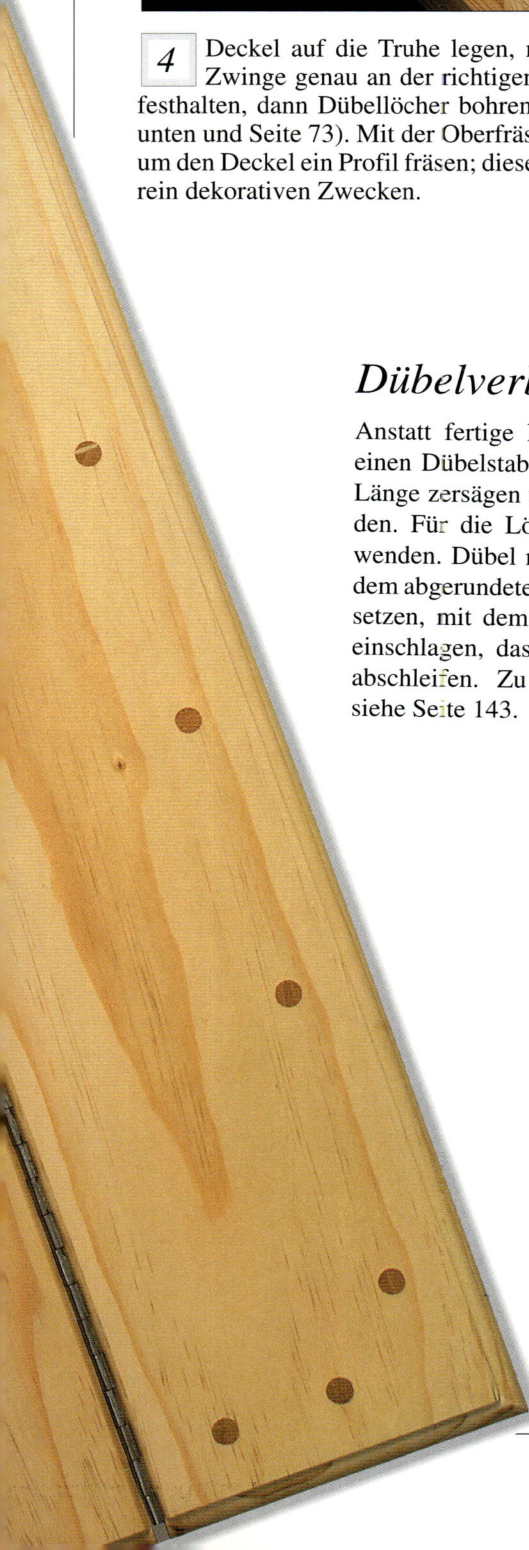

Dübelverbindungen

Anstatt fertige Dübel zu kaufen, können Sie einen Dübelstab in Abschnitte der gewünschten Länge zersägen und diese an einem Ende abrunden. Für die Löcher einen Dübelbohrer verwenden. Dübel mit Leim bestreichen, mit dem abgerundeten Ende nach vorn einsetzen, mit dem Schlägel behutsam einschlagen, das herausragende Ende abschleifen. Zu weiteren Einzelheiten siehe Seite 143.

Schaubild mit Einzelteilen

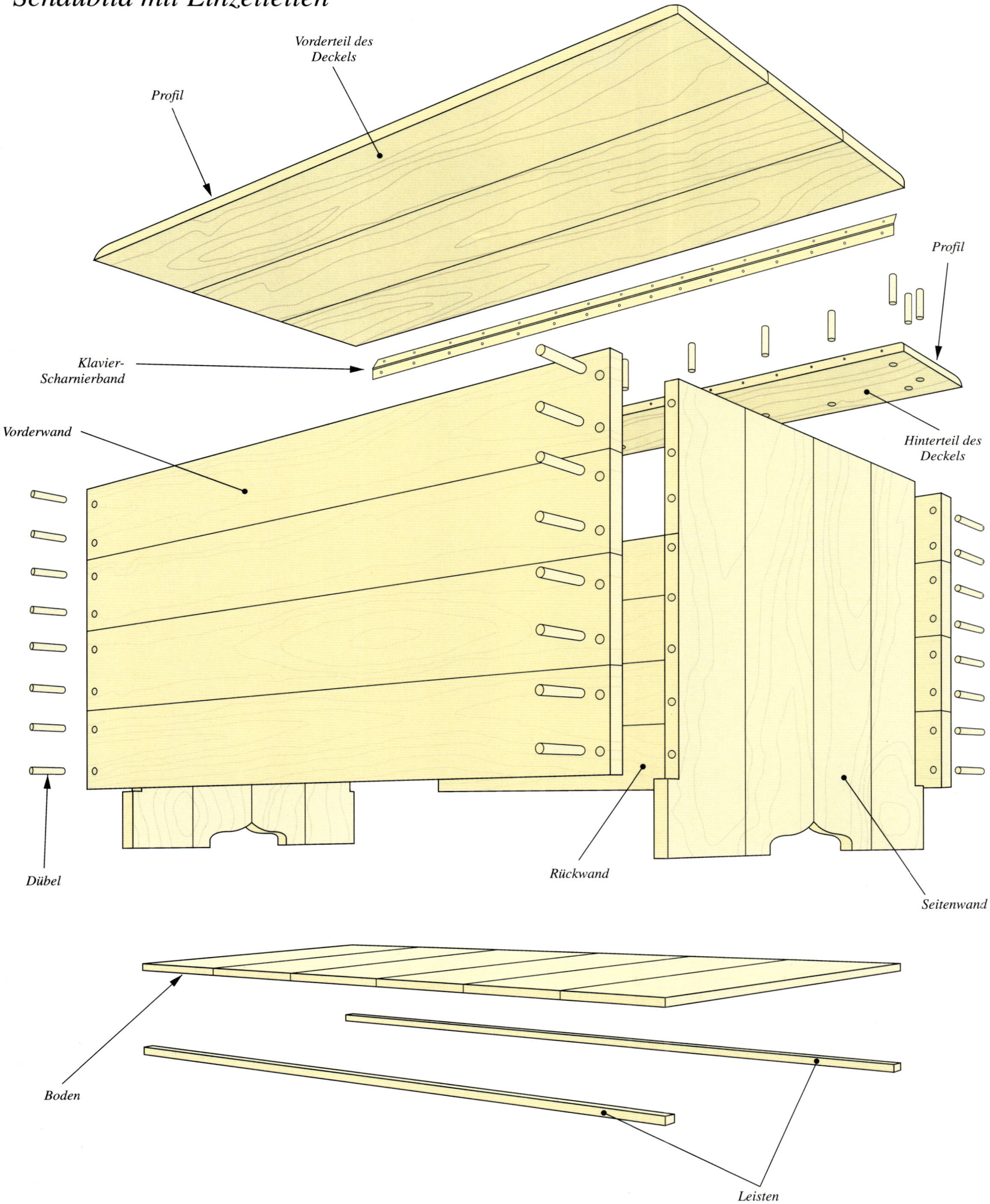

Projekt: Deutsches Kerzenkistchen

Als man für die Beleuchtung des Hauses noch auf Kerzen angewiesen war, war es wichtig, diese vor Mäusen zu schützen. Die schlichte Form dieses Kerzenkistchens wird durch ein geschnitztes Tulpenmotiv und durch einen hellen Lacküberzug belebt.

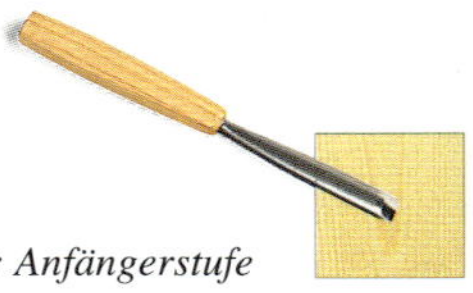

Schwierigkeitsgrad: Anfängerstufe

Projekt-Übersicht

Holz: Monterey-Kiefer

- Entwurf übertragen (siehe Seite 160)
- Arbeit mit der Oberfräse (siehe Seite 139)
- Auf die richtige Größe zuschneiden (siehe Seite 138)
- Zusammensetzen (siehe unten)
- Schnitzen (siehe Seite 141)
- Endbearbeitung (siehe Seite 144)

Arbeitsablauf Schritt für Schritt

1 Alle Teile zuschneiden, wie auf Seite 160 angegeben. Bei den Teilen für die Längsseiten eine Kante rechtwinklig abhobeln. Mit der Oberfräse nahe beim unteren Rand eine Rille von 6 x 6 mm Querschnitt ausfräsen.

2 Nahe beim oberen Rand ebenfalls eine Rille von 6 x 6 mm Querschnitt ausfräsen. Die Seitenwände auf die richtige Länge zuschneiden, vorzugsweise mit einer Rückensäge und mit Hilfe einer Schneidlade. Die längere Schmalseite zuschneiden.

3 Mit der Oberfräse an den Enden beider Längs- und beider Schmalseiten die Fälze ausfräsen. Deckel und Boden mit den Schraubzwingen am Arbeitstisch befestigen, dann mit der Oberfräse ringsum einen Falz von 6 x 7 mm formen. Deckel und Boden auf die richtige Länge zuschneiden.

4 Innenseite der Schachtel schön glattschleifen. Wände und Boden zusammensetzen, leimen und mit den Schraubzwingen ganz leicht zusammenklemmen, bis der Leim trocken ist.

5 Tulpenmotiv (Seite 160) oder eine andere Zeichnung Ihrer Wahl auf den Deckel übertragen.

6 Die Umrisse der Zeichnung auf dem Deckel mit einem geraden Schnitzermeißel einschneiden, zuerst senkrecht und dann leicht schräg nach außen, bis zu einer Tiefe von 2–3 mm.

7 Mit einem U-förmigen Hohlmeißel den Hintergrund auf eine gleichmäßige Tiefe wegschnitzen (siehe Seite 141), dann diesen Hintergrund ganz leicht abschleifen.

8 Griff auf den Deckel leimen. Endbearbeitung der Außenseiten der Schachtel und der Oberseite des Deckels mit Schleifpapier, verdünnter Acrylfarbe und Lack.

Zum Schnitzen in Weichholz können Sie für dieses Motiv Linolschnitt-Werkzeuge verwenden. Sie benötigen ein Werkzeug mit gerader Klinge und eines mit U-förmigem Querschnitt.

Schaubild mit Einzelteilen

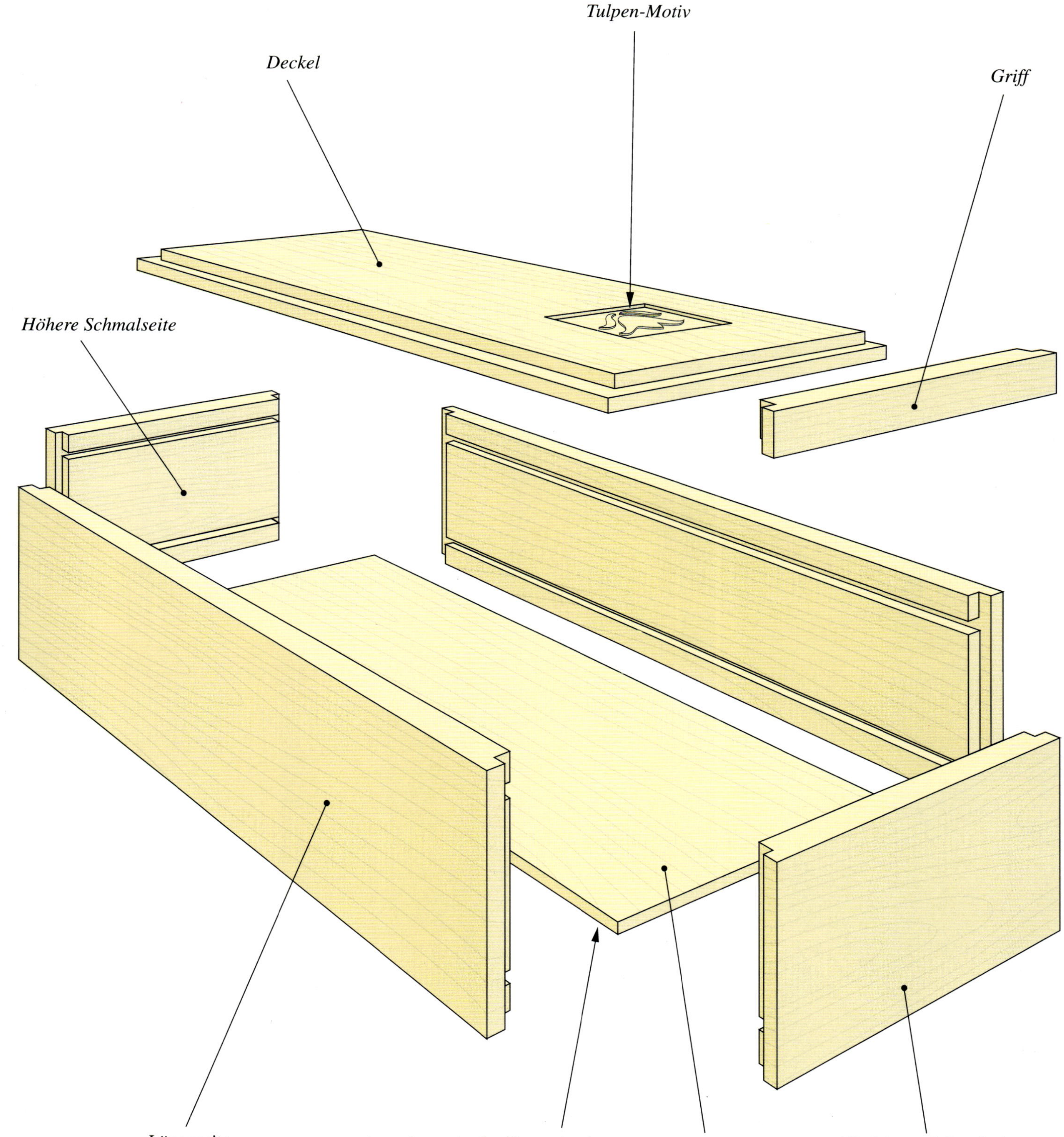

Anmerkung: An der Unterseite des Bodens ist ein Falz, genau gleich wie an der Oberseite des Deckels. Auf dieser Skizze ist der Falz nicht zu sehen, weil er sich unten befindet.

Russische Holzspielsachen

Hübsche Holzspielsachen basteln: welch schöner Zeitvertreib für die Erwachsenen während der langen Abende des bitterkalten russischen Winters! Der Stoß Brennholz lieferte das Material, Späne und sonstige Abfälle warf man gleich ins Kaminfeuer, und die fertigen Spielsachen halfen, den Kindern die nicht enden wollenden Wintertage zu verkürzen.

Hampelmann-Bär

Rußland hat wohl das am leichtesten als typisch zu erkennende „nationale" Spielzeug, nämlich die ineinander geschachtelten *Matryuschka*-Puppen. Der Ursprung dieser Puppen ist unklar, obwohl ihr Bestehen seit dem frühen 19. Jahrhundert nachgewiesen ist. Es gibt eine Theorie, wonach die Puppen ursprünglich den Zweck hatten, auf phantasievolle Weise das uralte Problem zu lösen, wie man den schon vorhandenen Kindern in der Familie die bevorstehende Ankunft eines neuen Schwesterchens oder Brüderchens erklären solle. Die Reihe besteht meistens aus sieben in der Größe exakt aufeinander abgestimmten Puppen. Die ersten sechs sind hohl und lassen sich öffnen, wobei jedesmal die nächstkleinere Figur zum Vorschein kommt; die innerste ist immer massiv und kann nicht geöffnet werden. Alle Puppen sind bunt bemalt. Manchmal enthält die äußerste Puppe anstelle der kleineren Puppen andere Spielsachen, zum Beispiel ein kleines Kegelspiel, einen Ball oder ein paar winzige Stehaufmännchen.

Es gibt viele Varianten in der Bemalung der Matryuschka-Puppen. Einige tragen die traditionellen Willkommensgeschenke, Brot und Salz, andere eine Gans oder ein Kaninchen. Und natürlich bieten die hohlen Puppen ein wundervolles Versteck für die Schätze eines Kindes. Ein beliebtes Spiel besteht darin, zu erraten, in welcher Puppe ein Bonbon oder sonst ein kleiner Gegenstand steckt. Wer es richtig errät, bekommt den Preis.

Matryuschka-Puppen werden heute in vielen Formen, Größen und Typen gefertigt.

Ein weniger bekanntes russisches Holzspielzeug ist der *Trihedral,* eine an einem Stück aus einem Dreikantholz geschnitzte Figur, die auf einem Sockel steht. Gesicht, Hände und Kleider werden bemalt. Diese Figuren stellen die verschiedensten Personen dar: Bauern und Mägde, elegant gekleidete Edelleute und auch Soldaten.

Rußland ist auch bekannt für vielerlei bewegliche Holzspielsachen, zum Beispiel pickende Hühner, Spielsachen mit Schaukelmechanismus, bewegliche Gruppenbilder und Stehaufmännchen. Die letztgenannten Figuren haben ein Gewicht im runden Fuß, das sie, wenn sie hingelegt werden, immer wieder aufrichtet. Die pickenden Hühner oder anderen Vögel werden durch Pendel oder Hebel bewegt, so daß sie abwechslungsweise aus einem kleinen Futter- oder Wassertrog picken.

Nußknacker

Das russische Wort *Rasvod* bedeutet ungefähr „sich auseinander bewegen". Es ist die Bezeichnung für eine geschnitzte Figurengruppe an einem beweglichen Gitterwerk. Die Gitterstäbe sind lose miteinander verbunden wie die Teile einer Schere. Durch Öffnen und Schließen der „Schere" bewegen sich die Figuren auseinander oder aufeinander zu.

Beispiele und Varianten

Die Wälder Rußlands zählen zu den größten der Welt. Das Land erstreckt sich über Wüsten, Tundren (baumlose Steppen), Waldgebiete und subtropische Regionen und besitzt eine Vielfalt von Baumarten, sowohl immergrünen wie laubabwerfenden, wobei die Harthölzer verhältnismäßig selten sind. Bei diesem Reichtum an natürlichen Materialien überrascht es nicht, daß sich eine Tradition von geschickt konstruierten Holzspielsachen entwickeln konnte. Viele dieser russischen Holzspielsachen wurden in den leuchtenden roten und gelben Farbtönen bemalt, die vielleicht ihren Ursprung in einem Sonnenkult hatten.

Ineinander geschachtelte Eier
Die Matryuschka-Puppen werden manchmal auch in anderen Formen gefertigt, zum Beispiel in Form von Eiern, wie hier gezeigt.

Matryuschka-Puppen
Ein Satz dieser berühmten Puppen wurde angeblich im Jahre 1966 benutzt, um geheime NATO-Dokumente von Paris nach Rußland zu schmuggeln.

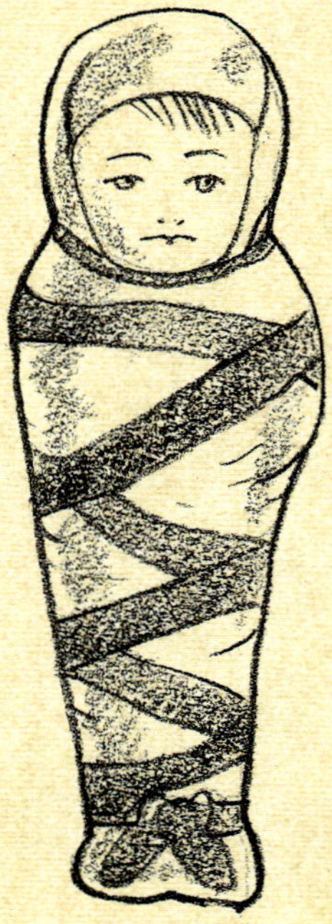

Wickelkind-Puppe
Diese Puppen kamen im 19. Jahrhundert in Rußland auf.

Holzarten
Die riesigen russischen Wälder produzieren eine Vielzahl von Holzarten, darunter Weichhölzer wie Kiefer, Fichte, Lärche und Zeder, und Harthölzer wie Ahorn, Birke, Eiche, Linde und Ulme.

Espe (Zitterpappel)

Weide

Buche

Volkskunst
Figuren wie der Bär mit dem Honigtopf und der Junge mit der Balalaika sind mit einer reizenden Naivität geschnitzt und bemalt.

Mama wiegt ihr Kind
Bewegliche Spielsachen sind eine russische Spezialität. Die Mutter wiegt ihr Kind, wenn man an der durch die Figur geführten Schnur zieht.

Bücherstützen

Der Bär ist ein populäres russisches Symbol. Er wird wegen seiner geheimnisvollen Lebenskraft bewundert, die ihn jeden Frühling aus seinem todesähnlichen Winterschlaf auferweckt.

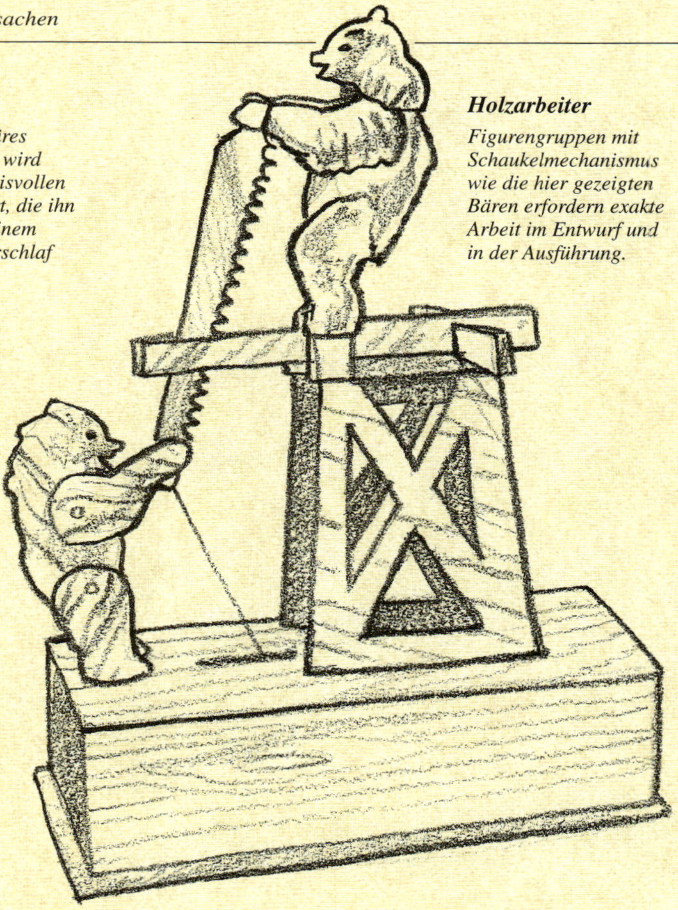

Holzarbeiter

Figurengruppen mit Schaukelmechanismus wie die hier gezeigten Bären erfordern exakte Arbeit im Entwurf und in der Ausführung.

Trihedral

Diese Puppen sind einschließlich des Sockels, auf dem sie stehen, aus einem einzigen dreikantigen Holzklotz geschnitzt.

Karussell

Die vier Plattformen dieses Spielzeugs sind frei beweglich in den „Windmühlenflügeln“ aufgehängt.

Farben

Die wegen ihrer lebenspendenden Kraft verehrte Sonne inspirierte zur Verwendung von leuchtenden Farben zum Bemalen der Holzspielsachen.

Projekt: Russische Holzhacker

Wenn man die beiden Bodenleisten dieses sehr einfachen Spielzeugs hin und her bewegt, arbeiten Bauer und Bär beim Holzhacken harmonisch zusammen. Eine Variante des Spielzeugs besteht aus zwei Schmieden, die abwechslungsweise auf den Amboß schlagen.

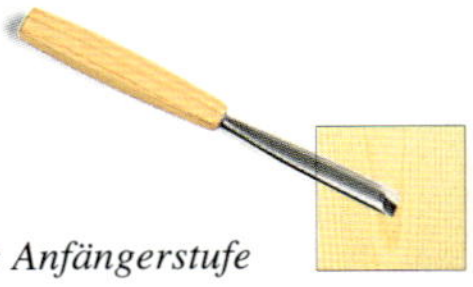

Schwierigkeitsgrad: Anfängerstufe

Projekt-Übersicht

Holz: Ahorn

- Laubsägearbeit (siehe Seite 138)
- Glätten (siehe Seite 140)
- Zusammensetzen (siehe unten)
- Endbearbeitung (siehe Seite 144)

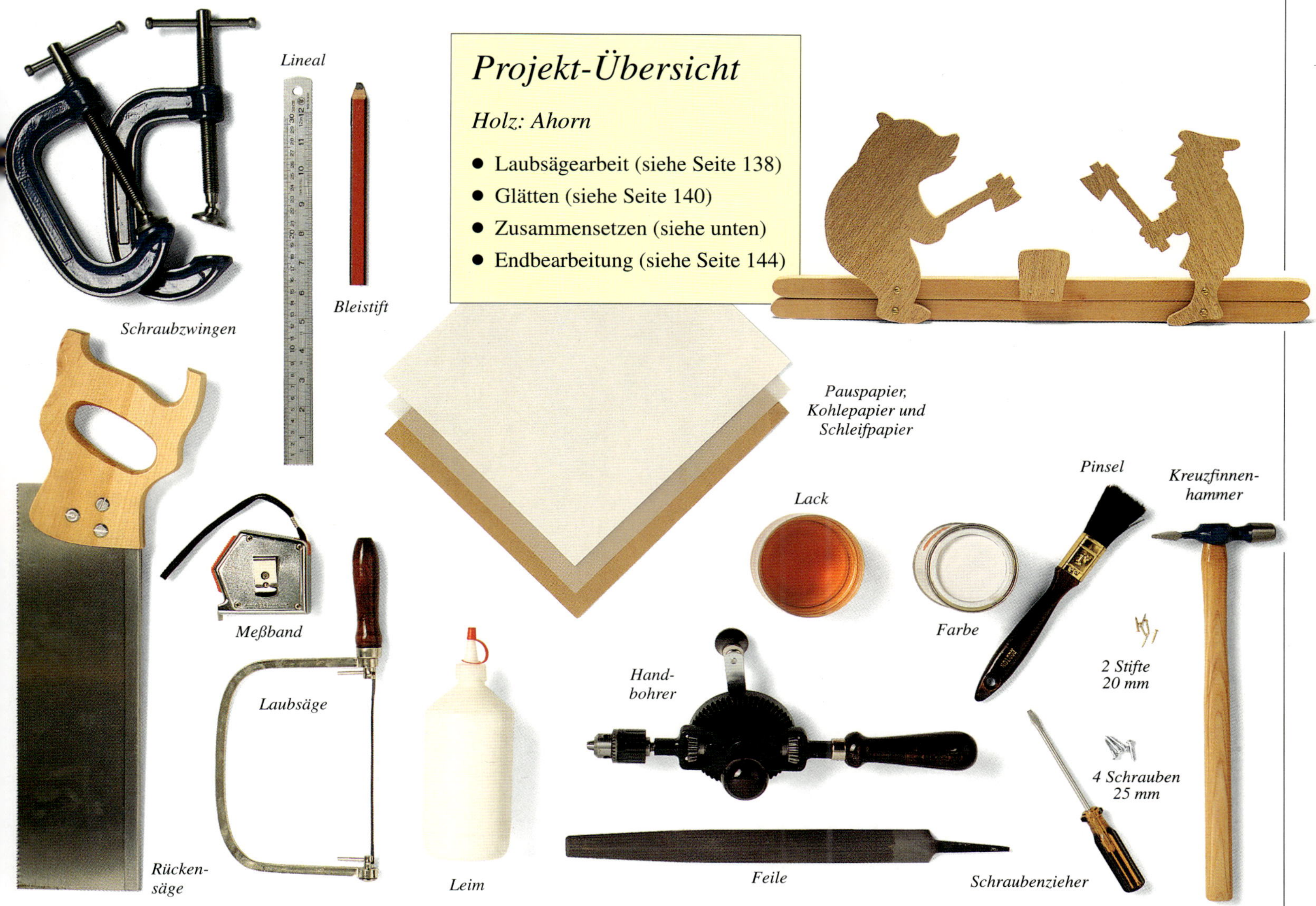

Arbeitsablauf Schritt für Schritt

1 Die Figuren (Bauer, Bär und Hackklotz, siehe Seite 161) auf das Holz übertragen, mit der Laubsäge aussägen (siehe Seite 138). Die Kanten glatt feilen und schleifen, so daß keine scharfen Ränder oder Ecken übrigbleiben.

2 Mit der Rückensäge zwei Leisten von je 320 mm Länge sägen, glattschleifen, die Enden abrunden. Schraubenlöcher markieren und bohren. Figuren (Bär und Bauer) mit Rundkopfschrauben so befestigen, daß sie sich bewegen können.

3 Hackklotz mit Leim und 2 Stiften an der oberen Leiste befestigen. Alle Teile in den Ihnen geeignet erscheinenden Farben bemalen. Endbearbeitung mit Lack.

Projekt: Pickende Hühner

In diesem geschickt konstruierten Spielzeug picken drei Hühner abwechslungsweise. Sie werden durch ein unter dem Brett hängendes Gewicht angetrieben, sobald man das Brett in eine kreisförmige Bewegung bringt. Der heikle Teil der Arbeit besteht darin, das richtige Gleichgewicht zu finden. Sie müssen behutsam ausprobieren, wie die drei durch das Brett geführten Schnüre verkürzt oder verlängert werden müssen, bis sie genau stimmen, und erst dann das eiförmige Gewicht endgültig befestigen.

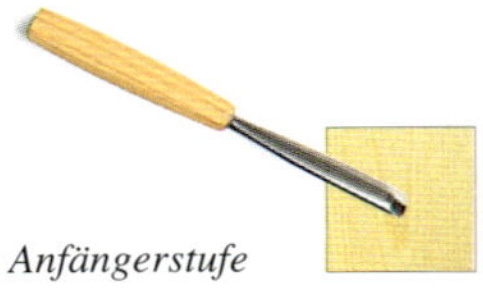

Schwierigkeitsgrad: Anfängerstufe

Projekt-Übersicht

Holz: Ahorn

- Laubsägearbeit (siehe Seite 138)
- Raspeln (siehe nächste Seite)
- Zusammensetzen (siehe unten)
- Endbearbeitung (siehe Seite 144)

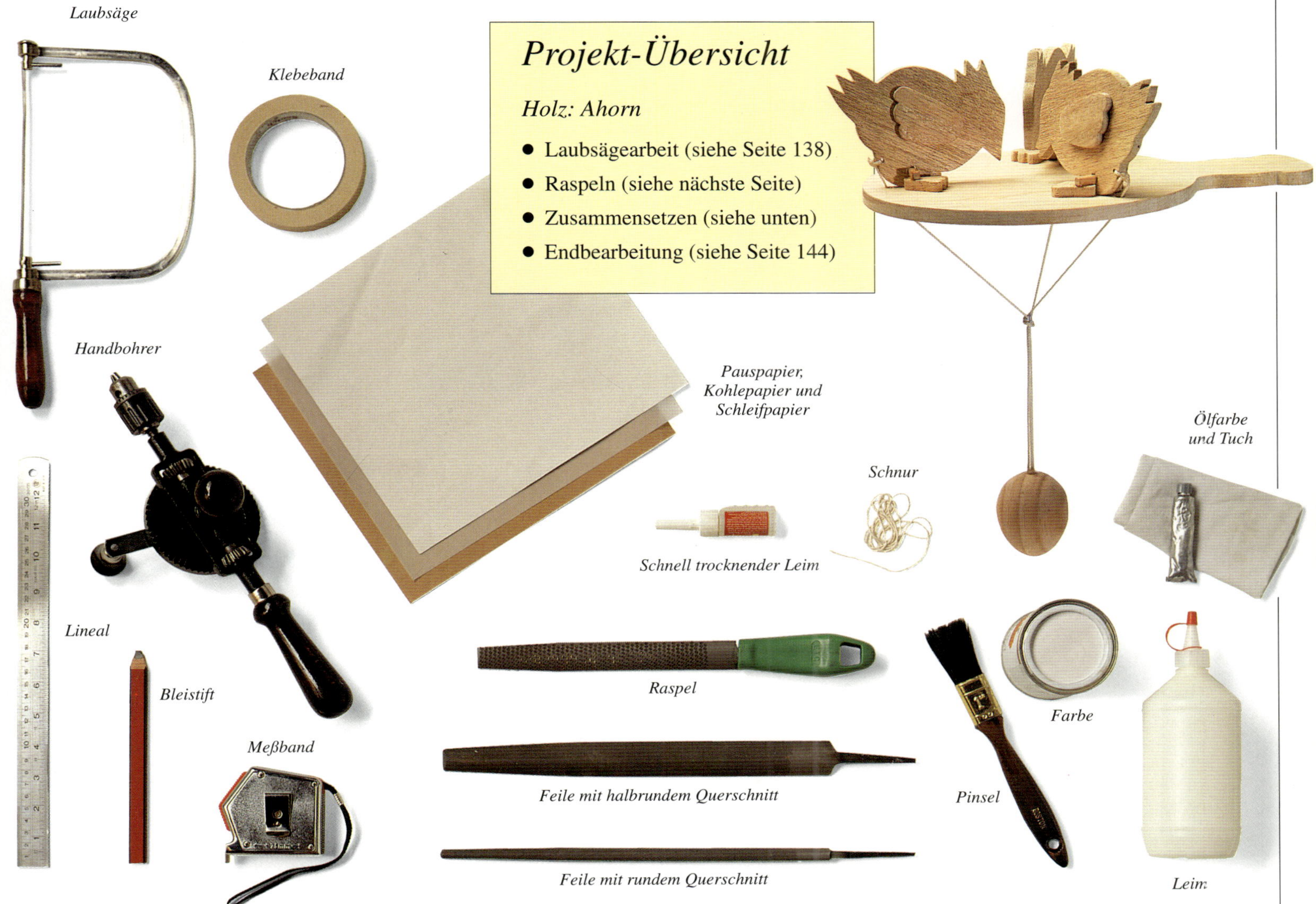

Arbeitsablauf Schritt für Schritt

1 Figuren (Seite 162) auf das Holz übertragen, mit der Laubsäge aussägen. Kanten glattfeilen und schleifen, leicht abrunden. Drei Dübel von 30 mm Länge schneiden (mit quadratischem Querschnitt).

2 Durch die Körper der Hühner je ein großes und ein kleines Loch bohren (siehe Seite 162). Durch das kleine Loch eine Schnur von 230 mm Länge ziehen. Flügel an die Körper der Hühner leimen. Durch das Brett drei Löcher bohren.

3 Die Füße paarweise auf das Brett leimen, und zwar so, daß die Fußpaare untereinander den gleichen gegenseitigen Abstand haben (ein gleichseitiges Dreieck bilden) und genau gleich weit vom Brettrand entfernt stehen. Zwischen jedes Fußpaar ein Huhn setzen. Dübel an die Füße leimen.

4 Bei jedem Huhn die Schnur am kleinen Loch befestigen, durch das zugehörige Loch im Brett ziehen. Die drei Schnüre unter dem Brett exakt in der Mitte fest zusammenbinden (vorher ausprobieren, ob der Mechanismus genau funktioniert).

5 Als Gewicht verwenden Sie am besten ein (gekauftes oder mit Raspel, Feile und Schleifpapier selber hergestelltes) Holz-Ei oder allenfalls eine Holzkugel. In das dickere Ende des Eies ein kleines Loch bohren.

6 Die drei Enden der Schnur in das Loch im Ei einführen, mit einem schnell trocknenden Leim und einem kleinen Holzkeil befestigen. Endbearbeitung mit Farbe und „Antik-Bearbeitung“, siehe unten.

„Antik-Bearbeitung“

Mit dieser Bearbeitung kann man dem neuen Spielzeug ein altes, abgenutztes Aussehen verleihen. Konzentrieren Sie sich auf die Partien, die normalerweise die deutlichsten Spuren des Alterns aufweisen würden, also vor allem auf den Griff des Brettes und auf allfällige Risse im Holz. Zuerst Antik-Patina mit einem weichen Tuch leicht auftragen, dann Ölfarbe mit dem Pinsel.

Schaubild mit Einzelteilen

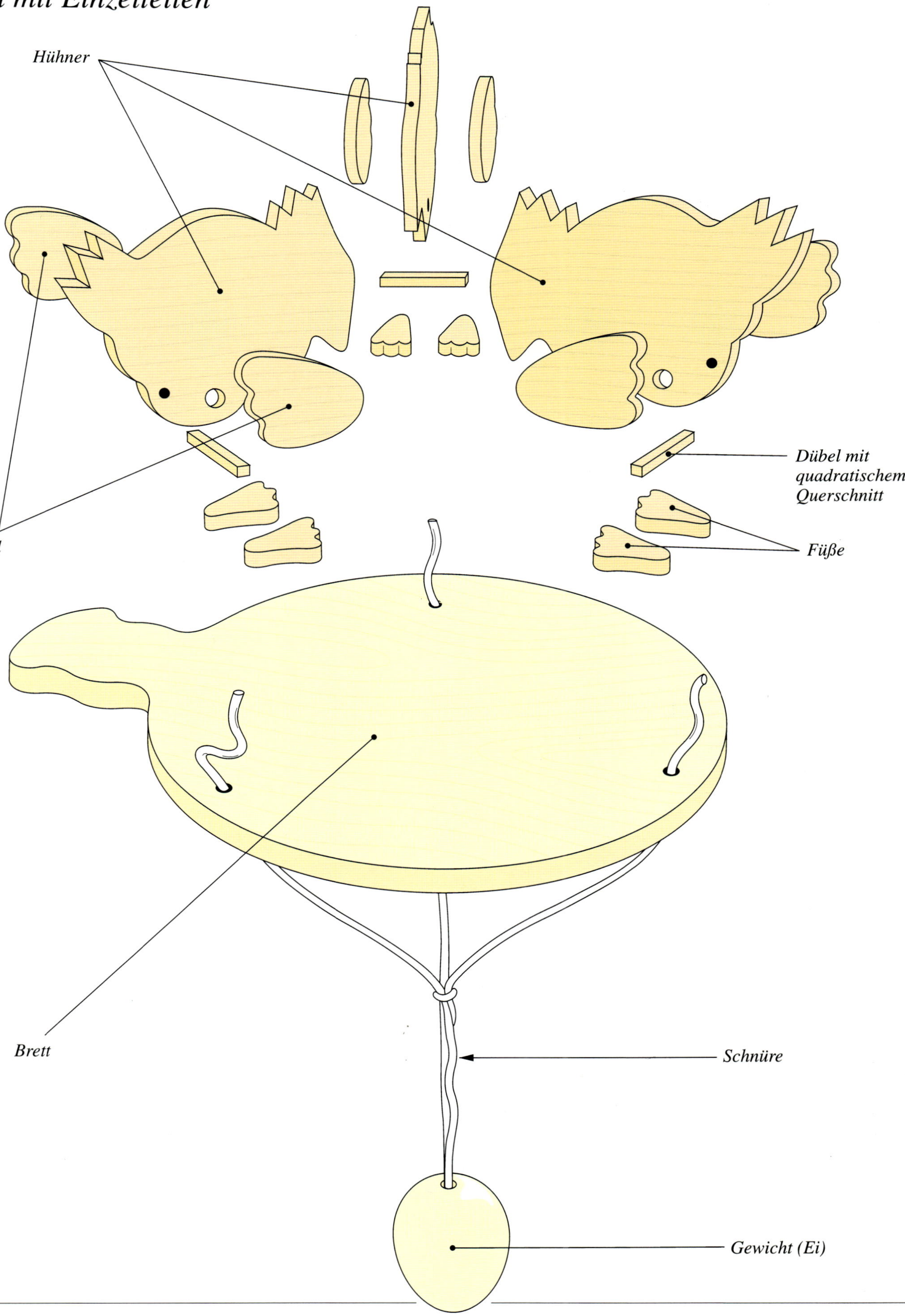

Mexikanische Holzarbeiten

Die Verbindung vorchristlicher und christlicher Einflüsse auf die Kultur Mexikos ist im Stil und in den Dekorationen deutlich zu erkennen. Die Schönheit und Vielseitigkeit der Natur widerspiegelt und verstärkt sich darin, zusammen mit anderen, phantasievolleren Bildern, die ihren tiefen Ursprung in uralten geistigen Vorstellungen haben.

Maracas

Das Gebiet Mexikos reicht von tropischen Regenwäldern bis zur gemäßigten Zone. Das Land verfügt daher über eine reiche Auswahl von natürlichen Materialien für die Holzbearbeitung. Diese ist mit dem Alltag eng verbunden. Viele verschiedenartige Holzgegenstände werden hergestellt und verziert, sei es zur praktischen Verwendung im Haushalt, zu rein dekorativen Zwecken oder auch für traditionelle Feste.

Hölzerne Puppen, Jo-Jos, Kreisel, Sparbüchsen und Geldkistchen in Tiergestalt und allerlei Ornamente, um nur ein paar Beispiele zu nennen, erfreuen sowohl Kinder wie Erwachsene. Die aus Kürbissen gemachten Maracas, Kastagnetten und viele andere Musikinstrumente werden im Handwerk hergestellt und im typisch mexikanischen lebhaften Stil dekoriert. Auch zahlreiche Gebrauchsartikel, von sehr großen Möbeln bis zu kleinen Servierbrettern und Körben, macht man aus Holz.

Die Natur liefert viele der Motive für die Dekoration. Tiere, Blumen und andere Pflanzen, Sonne, Mond und Sterne sind häufig zu finden. Auch groteske oder humoristische Bilder von Skeletten sind beliebt. Auf lebhafte Farben und hübsche Muster wird mehr Wert gelegt als auf eine möglichst naturgetreue Wiedergabe.

Auch sonst wird die Natur zur Hilfe bei der Herstellung von Holzgegenständen herangezogen. So macht man aus einem in heißem Wasser gesottenen, zermahlenen und gesiebten Baumschädling ein Fixierpulver, *Aje* genannt. Katzenhaare werden zu Pinseln verarbeitet. Fertige Holzartikel vergräbt man für einige Zeit in einem Ameisenhaufen, um ihnen ein „antikes" Aussehen zu verleihen.

Bilderrahmen

Die Verwendung von Lacküberzügen für Holzgegenstände hat in Mexiko eine alte Tradition. In Uruapan wird die komplizierte und mehrere Arbeitsgänge erfordernde Technik des *Embutido* (Inkrustierens) angewendet. Der fertige Holzgegenstand wird mit Hilfe von *Aje* einfarbig lackiert; dann schneidet man mit einem scharfen Werkzeug das Muster ein und füllt die Kerben mit andersfarbigen Lacken, zuletzt mit den hellfarbigen.

Diese kunstvoll geschnitzten hölzernen Quirle werden zum Mischen von Milch- und anderen Getränken verwendet.

Die dekorative Schnitzerei von Holzgegenständen erfordert große Sorgfalt und Geschicklichkeit.

Beispiele und Varianten

Seit dem frühen 17. Jahrhundert herrschte Spanien über große Teile der Welt. Darunter befanden sich Länder, die untereinander grundverschieden waren, wie zum Beispiel Mexiko und die Philippinen. In Kultur und Handwerkskunst Mexikos fanden die neuen und exotischen Bilder des spanischen Katholizismus und fernöstliche Ausstrahlungen ihren Niederschlag, ohne daß deswegen die eigenen starken und lebhaften Traditionen verlorengingen. Das Ergebnis ist eine für die mexikanische Holzbearbeitung charakteristische erfrischende Naivität des Stils.

Tiere

Sowohl wildlebende Tiere wie Haustiere sind beliebte Vorbilder. Bei der Bemalung sind lebhafte Farben wichtiger als eine möglichst naturgetreue Wiedergabe.

Möbel

Das Loch oben im Spiegelrahmen wirkt dekorativ, kann aber gleichzeitig dazu dienen, den kleinen Schlafzimmerschrank an der Wand aufzuhängen.

Mahagoni

Schwarzholz

Korb

Manche Gegenstände, wie dieser Korb, erhalten anstelle einer Bemalung nur einen Wachs- oder Lacküberzug.

Holzarten

Mexiko hat eine große Auswahl an Hölzern, darunter Kopal, Kiefer, Eiche, Zeder und Primavera.

Balsa

Masken

Die Maskenschnitzer von Guerrero sind berühmt für ihre lebhaft bemalten Holzmasken.

Lackarbeit

Üppige, farbenfrohe Dekorationen werden oft noch durch zahlreiche geschickt angebrachte Lack-Applikationen ergänzt.

Schnitzerei

Die aufwendige Schnitzerei an diesem Stuhl zeigt den Einfluß der alten mexikanischen Sonnenkulte.

Aztekische Muster

In manchen dekorativen Mustern ist die alte Tradition der Azteken zu erkennen, die viel mit sich wiederholenden geometrischen Figuren arbeiteten.

Projekt: Mexikanischer Bilderrahmen

Mexikanische Handwerker und Handwerkerinnen verwenden gerne jedes gerade verfügbare Material und jede Idee. In diesem Sinn machen wir in unserem Projekt aus alten Profilen und Leisten nur mit Hilfe von grundlegenden Techniken und einfachen Werkzeugen einen gut aussehenden Rahmen.

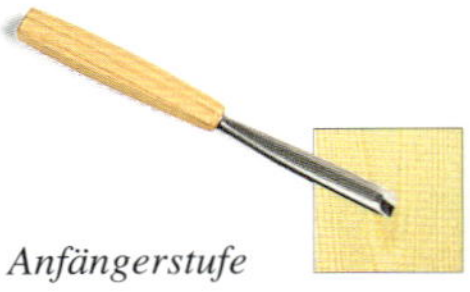

Schwierigkeitsgrad: Anfängerstufe

Projekt-Übersicht

Holz: Verschiedenes

- Gehrungen (siehe Seite 138)
- Fälze (siehe Seite 139)
- Zusammensetzen (siehe unten)
- Endbearbeitung (siehe Seite 144)

Arbeitsablauf Schritt für Schritt

1 Alte Rahmenteile, Leisten und Profile auswählen, Farbe entfernen. Die einzelnen Teile nebeneinander anordnen, den breitesten zuunterst. An den Enden Gehrungen im Winkel von 45° markieren und schneiden.

2 Auf der Rückseite des innersten Rahmenteils in passender Tiefe und Breite für das darin anzubringende Bild einen Falz schneiden.

3 Die Teile zusammenleimen, so daß zwei längs- und zwei schmalseitige Rahmenteile entstehen. Rahmen zusammensetzen und leimen. Auf der Rückseite Ösen und Draht zum Aufhängen anbringen.

Projekt: Mexikanische Sonnenscheibe

Die Zimmer eines mexikanischen Hauses sind manchmal nur spärlich möbliert, aber kaum je ohne irgendwelchen Wandschmuck, wie gerahmte Bilder, Kruzifixe oder kleine Altäre. Die grob geschnitzte Sonnenscheibe unseres Projektes erinnert an die vorchristlichen Wurzeln der mexikanischen Kultur und wird an jeder Wand gut aussehen.

Schwierigkeitsgrad: Mittlere Stufe

Projekt-Übersicht

Holz: Jelutong

- Sägen/Profilieren (siehe Seite 140)
- Schnitzerei (siehe Seite 141)
- Zusammensetzen (siehe unten)
- Endbearbeitung (siehe Seite 144)

Arbeitsablauf Schritt für Schritt

1 Sonnenstrahlen-Muster (Seite 164) auf das Holz übertragen, alle Strahlen in der Faserrichtung des Holzes. Sonnenstrahlen mit der Stichsäge aussägen, seitlich abschrägen, die keilförmige mittlere Partie flach lassen. In jeden Sonnenstrahl drei Kerben mit V-förmigem Profil schnitzen.

2 Die runde Sonnenscheibe aussägen, provisorisch mit einem großen Brett verbinden und dieses Brett mit den Schraubzwingen am Arbeitstisch befestigen; dadurch wird die Schnitzarbeit erleichtert. Scheibe mit dem Hohlmeißel bearbeiten, so daß eine leichte Wölbung entsteht (s. S. 141).

3 Gesichts-Muster auf die so vorbereitete Scheibe übertragen (siehe Seite 133), mit Hohlmeißel und Geißfuß schnitzen. Diese Schnitzerei braucht nicht perfekt zu sein; eine etwas naive Ausführung paßt hier besser.

4 Hintergrundpartien und Gesicht mit feinem Schleifpapier abschleifen (siehe Seite 144), dann die Scheibe vom Brett ablösen.

5 Die Sonnenstrahlen abschleifen und zusammensetzen, wie auf der nächsten Seite gezeigt. Die Speichen der Sonnenstrahlen zusammenleimen, dann die Scheibe daraufleimen.

6 Den Bereich um das Gesicht herum mit einem Ziegelstein oder mit scharfkantigen Schlüsseln ein wenig zerkratzen (siehe unten). X-Haken zum Aufhängen auf der Rückseite befestigen. Endbearbeitung mit Beize und Wachs.

Künstlich abnützen

Einige der Projekte in diesem Buch sind absichtlich ein wenig zerkratzt worden, um ihnen das Aussehen eines alten, abgenützten Gegenstandes zu geben. Bemaltes Holz mit einem Feuchtpapier leicht abreiben. Soll der Eindruck der Abnützung stärker sein, dann zerkratzen Sie das Stück (vor dem Beizen) mit einem scharfkantigen Gegenstand, zum Beispiel einem Ziegelsteinbrocken oder einem Schlüsselbund, und bearbeiten nachher die zerkratzten Stellen ganz leicht mit Schleifpapier.

Schaubild mit Einzelteilen

Durchbrochene Holzdekorationen aus den Ländern des Islams

Der Stil der islamischen Länder zeichnet sich aus durch üppige Ornamente, reiche, leuchtende Farben, aber auch durch das Fehlen von gegenständlichen Motiven, bedingt durch die auf den Propheten Mohammed zurückgehende Tradition, wonach es Allah allein vorbehalten ist, die Formen des Lebens zu schaffen. Die Muster sind also meistens stilisiert und nicht gegenständlich, weisen aber exakte Proportionen auf. Die Pracht der Gestalten und Farben der islamischen Kunst spiegelt die Größe Allahs wider und bereichert den Alltag.

Fensterladen mit Gitterwerk

Länder in vielen Teilen der Welt, darunter Spanien, Indonesien, Iran, Irak, Indien, Ägypten, Marokko und das übrige Nordafrika, sind vom Stil des Islams geprägt und haben daraus Nutzen gezogen. Die islamische Kunst dient nicht in erster Linie der Herstellung von rein dekorativen Artikeln, sondern ist darauf ausgerichtet, Gegenstände, die einem praktischen Zweck dienen, zu verschönern.

Viele islamische Länder weisen ein heißes und trockenes Klima auf. Die durchbrochenen Zwischenwände sind die ideale Lösung des damit zusammenhängenden Problems, im Inneren des Hauses eine erträgliche Temperatur zu erzielen. Die Luft kann fast ungehindert durch die verschiedenen Räume des Hauses zirkulieren, und überall herrscht kein allzu grelles, sondern ein angenehm gedämpftes Licht. Gleichzeitig ist die Privatsphäre in den einzelnen Zimmern gewährleistet, ein wichtiger Punkt in einer Kultur, die streng auf die Trennung der Geschlechter achtet. *Maschrabiya*, der ägyptische Ausdruck für diese gitterartigen Zwischenwände, soll vom Wort schariba, das heißt „trinken", abgeleitet sein. Es bedeutet somit etwa „Kühle trinken" oder „in der Kühle trinken", sowohl im wörtlichen wie im übertragenen Sinn.

Die Gitterwände der islamischen Länder gehen auf vielbewunderte altgriechische Vorbilder zurück. Zu den schönsten Beispielen gehören dreidimensionale Konstruktionen aus mehreren gedrechselten oder geschnitzten Stäben, die in vielerlei Mustern zu einem Gitterwerk verbunden werden. Die Muster haben die Faszination eines Labyrinths; jedes Stück steht allein und scheint doch unentwirrbar mit der ganzen Zeichnung verbunden zu sein. Die Arabeske ist eine sehr bekannte Sonderform dieses allgemeinen Musters. Sie zeigt einen durchgehenden Pflanzenstengel, der sich in regelmäßigen Abständen verzweigt. Die Nebensprossen können sich ihrerseits wieder verzweigen, und jeder kleine Zweig kehrt schließlich wieder zum Hauptstengel zurück und wird in diesen integriert.

Wenn ein Hauptmotiv *(Qtib)* eine größere Fläche leer lassen würde, dann wird diese Stelle irgendwie ausgefüllt. Die vier wichtigsten Dekorationstypen sind: durch gerade Linien gebildete Vielecke *(Tastir)*, gebogene Blumen- und Pflanzenmotive *(Tawriq)*, Baummotive *(Taschjir)*, wozu auch die Arabesken zählen, und stilisierte Kalligraphie. Als weitere Füllelemente werden ganz einfache Stiche mit einem spitzigen Werkzeug und das aufwendigere Sechseckmuster (Bienenwaben) verwendet.

Dose aus Sandelholz mit Gitterwerk-Deckel

Islamisches Gitterwerk bildet die wichtigste Dekoration dieses marokkanischen Palastes aus dem 18. Jahrhundert.

Beispiele und Varianten

Die meisten islamischen Länder weisen ein heißes und trockenes Klima auf, und viele von ihnen haben große Wüstengebiete. In solchen Gegenden wird eine reiche Vegetation als ein Stück Paradies betrachtet. Daher sind Blätter, Ranken, Blumen und andere Pflanzenteile beliebte Motive der Dekoration, sei es Schnitzerei, Einlegearbeit (Intarsien) oder Malerei.

Dekoration

Zopfmuster oder Ränder (Dfira) *trennen verschiedenartig dekorierte Teile voneinander.*

Holzarten

Zu den in allen islamischen Ländern am meisten verwendeten Holzarten zählen Zeder, Sandelholz, Mahagoni, afrikanisches Ebenholz und Rot-Kiefer.

Rot-Kiefer

Sandelholz

Formen

Stilisierte Pflanzenmotive sind durch echte Pflanzenteile inspiriert, zum Beispiel Mandeln, Kornähren, Tannen- oder Kiefernzapfen.

Motive

Variationen über das Siegel Salomos (Davidsstern) sind ein beliebtes Motiv für viele durchbrochene Dekorationen.

Gitterwerk-Tisch

Das islamische Gitterwerk wird vor allem für Zwischenwände und Balkonwände verwendet, aber auch für Möbel.

Dekorierter Fensterladen

Ein charakteristisches Merkmal der islamischen Dekoration ist die Regel, daß keine größere Fläche leer bleibt.

Geometrische Muster

Vielfach wiederholte geometrische Formen gehören zu den wesentlichen Merkmalen der durchbrochenen Dekorationen.

Spiegel

Als Variante zum Spiegel unseres Projekts zeigen wir hier noch einen anderen Spiegel, eingerahmt von einem Gittermuster.

Projekt: Spiegel mit durchbrochener Dekoration

Für das Abendland hat die islamische Kultur einen geheimnisvollen Reiz des Unergründlichen. Der diskret halb hinter einem Gittermuster verborgene Spiegel deutet etwas von diesem exotischen Geist an. Die dekorativen Dübel würden auch an einem einfachen Bilderrahmen gut aussehen.

Schwierigkeitsgrad: Fortgeschrittenenstufe

Projekt-Übersicht

Holz: Neuguinea-Zeder und Wange

- Laubsägearbeit (siehe Seite 138)
- Gehrungen schneiden (siehe Seite 138)
- Zusammensetzen (siehe unten)
- Dübel (siehe nächste Seite)
- Endbearbeitung (siehe Seite 144)

Arbeitsablauf Schritt für Schritt

1 Brett zuschneiden. Muster (Seite 165) auf das 400 x 600 mm große Brett übertragen. Etwa ein Drittel des Brettes frei lassen; diese Partie dient dazu, das Brett für die weitere Bearbeitung am Tisch zu befestigen. Die auszusägenden Stellen markieren.

2 In der Mitte jeder auszusägenden Stelle ein Loch bohren. Zu diesem Zweck wird das Brett vorher mit den Schraubzwingen auf einem Stück Abfallholz befestigt, um es vor Zersplittern zu schützen.

3 Figuren mit der Stichsäge aussägen, immer vom Loch in der Mitte ausgehend. Zuerst alle Figuren in der einen Hälfte des Brettes, dann Brett neu befestigen für die andere Hälfte.

4 Ränder der Öffnungen glattfeilen. Beide Seiten des Brettes mit Schleifpapier glätten, Brett um das Gitterwerk herum auf Format 400 x 400 mm zuschneiden. Endbearbeitung mit Beize und Öl.

5 Gehrungen für den Rahmen schneiden, in jede Gehrung einen Schlitz für die Feder ausfräsen. Feder mit Leim bestreichen, in den Schlitz einfügen, den benachbarten Rahmenteil ansetzen.

6 Die beiden Rahmen einzeln anfertigen, den hinteren Rahmen beizen. Die beiden Rahmen verbinden, wobei ein Falz zum Einfügen des Spiegels geformt wird, dann von hinten mit Schrauben befestigen.

7 Auf Mittellinie des vorderen Rahmens Löcher bohren, Abstand 115 mm, Dübel in Kontrastfarbe einsetzen. Dübel absägen, dabei Abfallholz danebenlegen, um den Rahmen nicht zu beschädigen; herausragenden Rest mit Schleifpapier wegschleifen.

8 Gitterwerk und Spiegel in den Falz des Rahmens einfügen. Rückwand von hinten mit Schrauben am Rahmen befestigen. Endbearbeitung der Rückwand mit Beize und Öl. Hinten am Rahmen zwei Ösen einsetzen und daran die Aufhängevorrichtung aus Metalldraht befestigen.

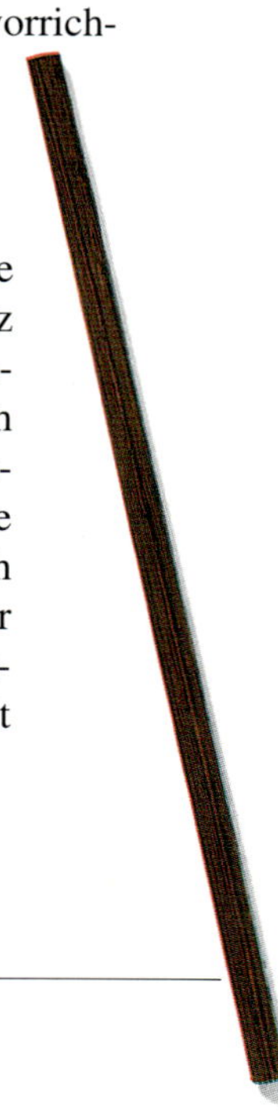

Dübel herstellen

Man kann natürlich fertige Dübel kaufen; wenn die Dübel aber, wie hier, sichtbar bleiben und daher in Farbe und Maserung zum Holz des Rahmens passen sollen, können Sie sie selber aus einem geeigneten Weichholz herstellen. Durch ein Winkeleisen ein Loch bohren, dessen Durchmesser minimal größer ist als der gewünschte Dübeldurchmesser. Einen grob auf etwas größere Dicke zugeschnittenen Holzstab mit einem Klüpfel durch dieses Loch treiben. Durch die scharfen Lochränder wird dann der Holzstab auf die richtige Dicke zurechtgeschnitten, und man erhält schön gleichmäßige Dübel.

Schaubild mit Einzelteilen

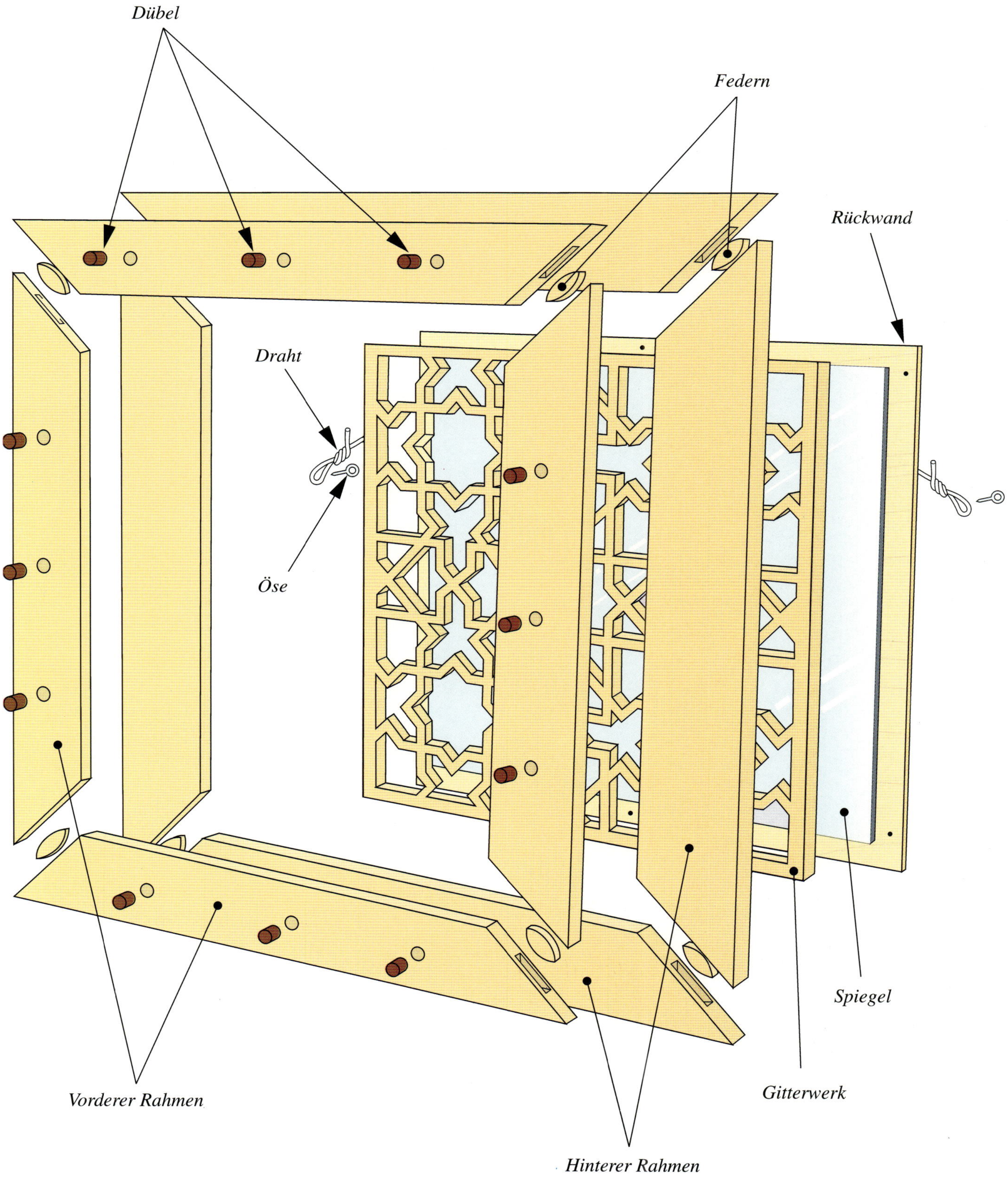

Projekt: Tisch mit durchbrochener Dekoration

Dieser kleine sechseckige Tisch weist zwei Gitterwerk-Ornamente auf: ein sternförmiges Muster in der Tischplatte und ein Kettenmuster in den Zargen. Wenn Sie eine schlichtere Ausführung vorziehen, können Sie das Muster in den Zargen weglassen.

Schwierigkeitsgrad: Fortgeschrittenenstufe

Fuchsschwanzsäge

Schraubzwingen

Projekt-Übersicht

Holz: Neuguinea-Zeder

- Verleimen (siehe Seite 18)
- Laubsägearbeit (siehe unten)
- Arbeit mit der Oberfräse (siehe Seite 139)
- Zusammensetzen (siehe unten)
- Endbearbeitung (siehe Seite 144)

Pauspapier, Kohlepapier und Schleifpapier

Meßband

Bleistift

Lineal

Hobel

Leim

Halbrundfeile

Nägel

Schraubenzieher

Öl und Tuch

24 Schrauben mit Versenkkopf 30 mm

Stichsäge

Oberfräse

Elektrobohrer

Hammer

Schwingschleifer

Arbeitsablauf Schritt für Schritt

1 Brett zuschneiden (siehe Seite 166). Teile der Tischplatte verleimen, auf das richtige Format zuschneiden. Zwischenboden ebenfalls auf Format zuschneiden. Gitterwerk-Muster auf Tischplatte und Zargen übertragen.

2 Die auszusägenden Stellen markieren. In der Mitte jeder auszusägenden Stelle ein Loch bohren. Diese Löcher müssen groß genug sein für das Sägeblatt der Stichsäge.

3 Die auf das Holz übertragenen Figuren behutsam mit der Stichsäge aussägen, immer vom Loch in der Mitte ausgehend (siehe Seite 139).

4 Die Ränder der Öffnungen mit der Feile glätten. Beide Seiten aller Bretter mit Schleifpapier glattschleifen. An beiden Enden jedes Zargenteils mit Hilfe einer Gehrungslade und einer Rückensäge eine Gehrung von 60° schneiden.

5 Mit der Oberfräse aus den nebeneinandergelegten, verklammerten Tischbeinen 6 mm tiefe Nut ausfräsen. Aus Sperrholz sechs Rechtecke schneiden, etwas kleiner als die Zargen. Rechtecke an die Zargen leimen, schönere Seite des Sperrholzes außen.

6 Die Beine mit dem Schwingschleifer so bearbeiten, daß sie unten etwas dünner sind als oben (diese Bearbeitung können Sie auch weglassen). An jedem Zargenteil mit Schrauben zwei Beine befestigen. Es entstehen so sechs gleiche Abschnitte.

7 In die Unterseite der Tischplatte an jeder Ecke mit der Oberfräse einen Schlitz mit einem Winkel von 120° fräsen (nähere Einzelheiten auf Seite 143). Die Tischbeine in diese Schlitze einsetzen. Wenn alles stimmt, leimen.

8 Zwischenboden in die Nuten der Tischbeine einfügen, bei jedem Tischbein von außen mit einem Nagel befestigen. Die Nägel mit einem Nagelversenker unter die Holzoberfläche schlagen, die Löcher mit Holzkitt ausfüllen.

9 Randleisten um die Tischplatte leimen, mit dem Hobel abfasen (siehe Seite 141). Endbearbeitung mit Schleifpapier und Öl.

Schaubild mit Einzelteilen

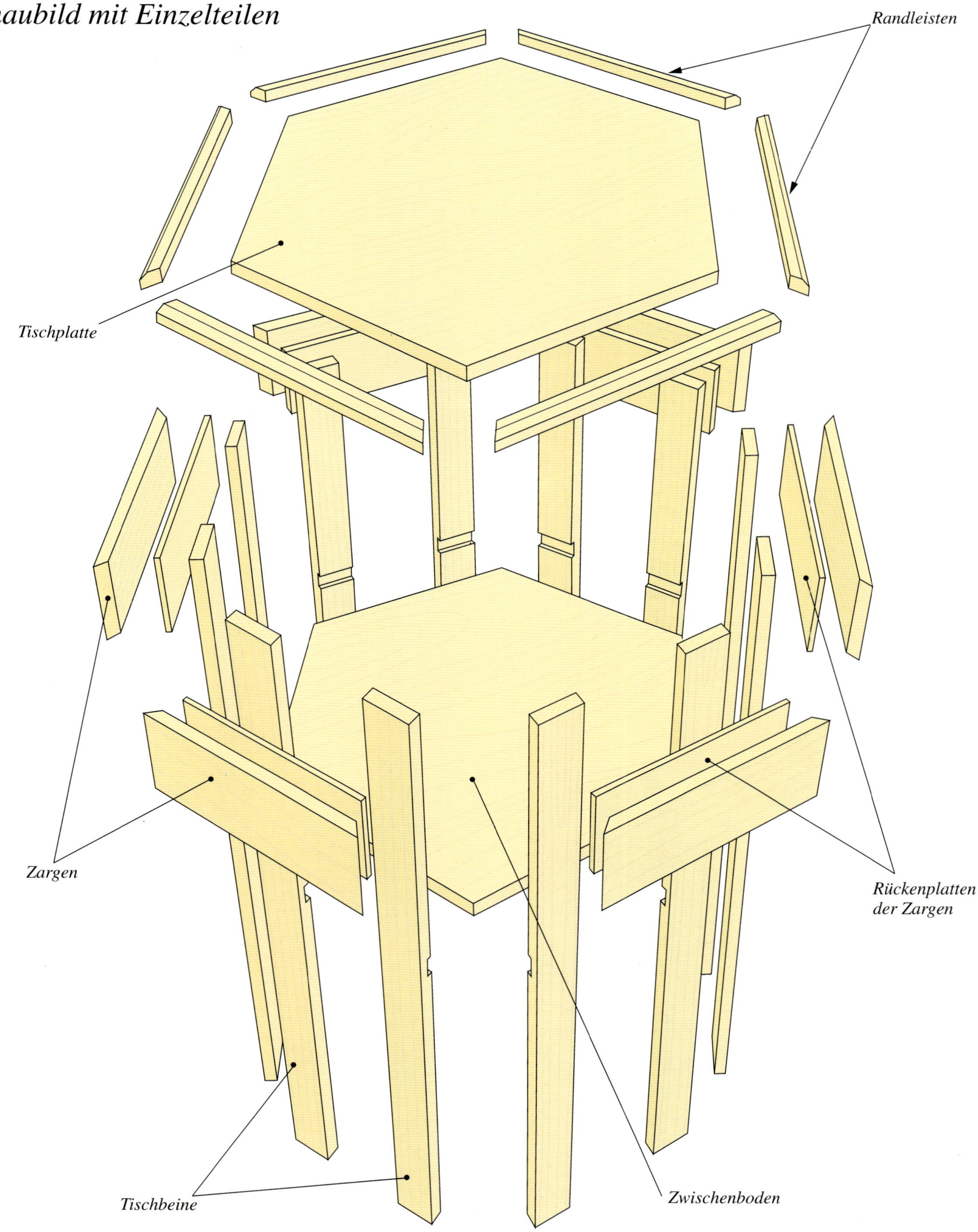

Japanische Holzkunst

Die japanische Kunst der Holzbearbeitung hat eine lange Tradition, die zu ganz hervorragenden Werkzeugen und Techniken geführt hat. Mit der Holzbearbeitung soll der individuelle Charakter des Werkstoffes hervorgehoben werden; es soll ein Gegenstand entstehen, der sowohl nützlich als auch wertvoll ist und über Jahrhunderte in Ehren gehalten wird. Japanische Holzartikel vermitteln das Gefühl der Harmonie mit der Natur und eines mit Sorgfalt gepflegten Handwerks.

Lackierte Trinkbecher aus Holz

Der lange und verhältnismäßig schmale japanische Archipel reicht von arktischen Regionen im Norden bis zu tropischen Regionen im Süden. Zwei Drittel des Landes sind von Wäldern bedeckt, die rund 700 einheimische Baumarten enthalten. Ein großer Teil des Bodens ist vulkanischen Ursprungs und bietet wenig natürliches Material für Maurerarbeiten. Es ist daher verständlich, daß sich die japanische Architektur vor allem auf der Grundlage von Holz als Baustoff entwickelt hat, nicht auf der Grundlage von Stein. Schon lange vor der Entwicklung der zur Holzbearbeitung geeigneten Werkzeuge wurden Weichhölzer der Länge nach gespalten und zu geflochtenen Tischen, Schachteln und ähnlichen Gebrauchsgegenständen verarbeitet. Im 3. und 4. Jahrhundert wurden die Methoden der Holzbearbeitung von Korea nach Japan gebracht. Mehrere Jahrhunderte später faßte der Buddhismus in Japan Fuß und brachte eine große Nachfrage nach geschnitzten hölzernen Statuen.

Mit Blumen der vier Jahreszeiten verzierte Lampe

In der japanischen Holzschnitzerei wurde vor allem Ahorn-, Kampfer- und Zelkovenholz verwendet. In Nachahmung des chinesischen Stils wurden die Holzgegenstände prunkvoll bemalt. Ein eigenständiger japanischer Stil entstand im 13. Jahrhundert mit dem Aufkommen des Zen-Buddhismus. An die Stelle des pompösen chinesischen Stils trat ein schlichterer, eleganterer und auch kräftigerer Stil.

Die Holzgegenstände sind entweder unlackiert, wie zum Beispiel im Stil der *Shoji*-Zwischenwände und anderer Bestandteile der Inneneinrichtung, oder mit einem polierten Lack versehen. Zu den lackierten Artikeln zählen traditionsgemäß die zur Teezeremonie gehörenden Servierbretter und Tische, *Hako*-Truhen und Bestandteile der Brautaussteuer, wie der *Haribako*, eine Dose mit Nähutensilien. In all diesen Gegenständen wird ein übertriebener Aufwand vermieden. Die gebräuchlichsten Holzarten sind Paulownie, Zelkove und Maulbeerbaum, ferner exotische Hölzer wie Ebenholz und rotes Sandelholz.

Bento-Behälter

Während sich die Schnitzkunst anfänglich vor allem mit formeller Bildhauerei befaßte, richtete sich ihr Augenmerk mit der Zeit immer mehr auf kleine, minuziös gearbeitete Artikel, wie Tbakdosen, Puppen und *Netsuke,* Miniaturskulpturen. Beachtung des Details und des Rohmaterials sind wichtige Merkmale der japanischen Holzarbeit.

Treppe und Balkon der Nezu-Kultstätte in der Nähe von Ueno sind reich geschnitzt und bemalt.

Beispiele und Varianten

Daiku, der japanische Ausdruck für eine Person, die Gegenstände aus Holz entwirft und herstellt, bedeutet genau genommen „Haupt-Handwerker". Die natürliche Schönheit und Individualität des Holzes wird durch die Techniken der japanischen Holzbearbeitung unterstrichen, niemals zerstört. Die richtige Proportion *(Kiwari)* ist eine Hauptbedingung für den idealen Entwurf. Die Muster der Dekorationen sind von der Natur und den Elementen inspiriert. Japanische Werkzeuge, insbesondere Säge und Hobel, arbeiten auf Zug, nicht wie die westlichen Werkzeuge auf Stoß.

Tafelgeschirr

Miso-*Schalen dienen zum Servieren einer fleischbrühartigen Suppe. Es wird sowohl Holz von Nadelbäumen wie solches von breitblättrigen Laubbäumen verwendet. Ein mehrfacher Lacküberzug bildet eine schützende Trennschicht zwischen dem Holz und der Suppe.*

Lackarbeiten

Der Lack wird aus dem Saft des Urushi-Baumes hergestellt. Er dient als Schutzüberzug und als Dekoration und haftet gut.

Farben

Der Saft des Urushi-Baumes dient als Grundstoff für verschiedene Farben: Schwarz entsteht durch Mischen mit Kohle, leuchtendes Rot durch Mischen mit Zinnober.

Serviertischchen

Servierbretter mit Füßen sind eine Variante unseres Projektes. Die Füße können mit Scharnieren versehen werden, so daß das Brett, wenn es nicht gebraucht wird, wenig Platz beansprucht.

Möbel

Tansu-*Kommoden sind in verschiedenen Größen und Formen erhältlich, je nach Bedarf und nach Größe der Wohnung. Es werden Hölzer mit ausgeprägter Maserung bevorzugt, zu denen schwarze Eisenbeschläge einen auffallenden Kontrast bilden.*

Japanische Eiche

Zypressen-Fichte

Sen

Holzarten

Zu den beliebten Holzarten gehören ferner: Hinoki *(Zypresse),* Koyomaki *(Schirmtanne) und* Sugi *(Zeder). Aus Bambus werden leichte, widerstandsfähige und schöne Stücke gemacht.*

Shoji-Stil

Lampen, Zwischenwände und Schiebetüren werden im Shoji-Stil aus Reispapier und Bambus oder Holz gemacht.

Verbindungen

Die japanische Schreinerei verwendet viele verschiedene, oft recht komplizierte und sinnreich konstruierte Verbindungen. Die oben abgebildete Überblattung heißt Ai-gaki. *Sie dient zur kreuzweisen Verbindung von Leisten in Shoji-Möbeln.*

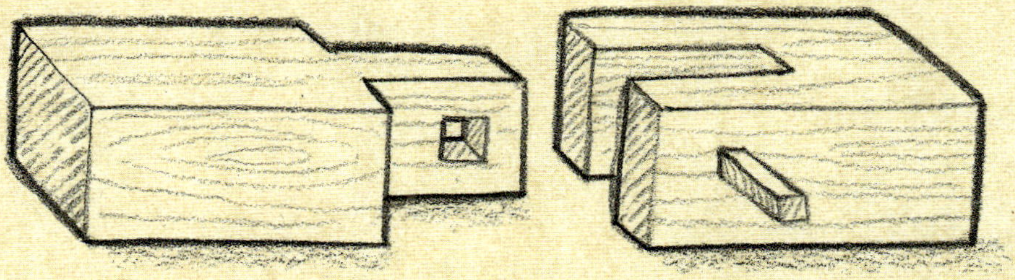

Projekt: Japanische Servierbretter

Die japanische Schreinerei ist eine hoch entwickelte Kunstform, die sehr geschickt und aufwendig konstruierte Formen verwendet. Für diese *Bon* genannten Servierbretter kommen verschiedene Typen von Verbindungen in Frage, wie Gehrungen, Nutenverbindungen oder Schlitz-und-Zapfen-Verbindungen, oder auch Kombinationen davon. Die Servierbretter werden meistens schwarz oder terrakottafarbig lackiert.

Schwierigkeitsgrad: Mittlere Stufe

Projekt-Übersicht

Holz: Silberesche und Sperrholz

- Arbeit mit der Oberfräse (siehe Seite 139)
- Gehrungen schneiden (siehe Seite 138)
- Zusammensetzen (siehe unten)
- Lackieren (siehe Seite 116)
- Endbearbeitung (siehe Seite 144)

Arbeitsablauf Schritt für Schritt

1 Holz für die Seitenwände auf das richtige Maß zuschneiden (siehe Seite 167). Mit der Oberfräse auf der ganzen Länge einen Falz von 6 x 6 mm fräsen.

2 Seitenwände in die Gehrungslade legen, für jeden Teil in der richtigen Länge Gehrungen von 45° schneiden (siehe Seite 138).

3 Seitenwände zusammenleimen, mit Klebeband sichern. Prüfen, ob die beiden Diagonalen genau gleich lang sind; dann stimmen auch die Winkel. Verbindungen mit Stiften verstärken.

4 Boden aus Sperrholz zuschneiden, so daß er genau in den Falz paßt, dann einleimen. Mit nur halb eingeschlagenen Stiften sichern. Sobald der Leim trocken ist, Stifte entfernen.

5 Mit der Oberfräse und einem passenden Profilbohrer (zum Beispiel 6,5 mm) in den unteren Rand der Seitenwände eine Rille fräsen (siehe Seite 139). Die Rille beginnt im Abstand von 25 mm von jeder Ecke. Dies gibt die Illusion eines Fußes an jeder Ecke.

6 Allfällige Risse im Holz und die Löcher der Stifte mit einem hellfarbigen Kitt ausfüllen. Mit feinem Schleifpapier glattschleifen (siehe Seite 144), bemalen und lackieren (siehe unten).

Lackieren

Sie können den reichen Glanz der japanischen Lackarbeiten nachahmen, indem Sie über eine glatt bemalte Oberfläche viele Lackschichten anbringen. Mit einem Lappen sorgfältig allen Staub abwischen. Mit einem flachen Pinsel bis zu zehn Lackschichten auftragen, jede Schicht in einem staubfreien Raum gut trocknen lassen und mit feinem Schleifpapier behutsam abschleifen, bevor die nächste Schicht angebracht wird.

Schaubild mit Einzelteilen

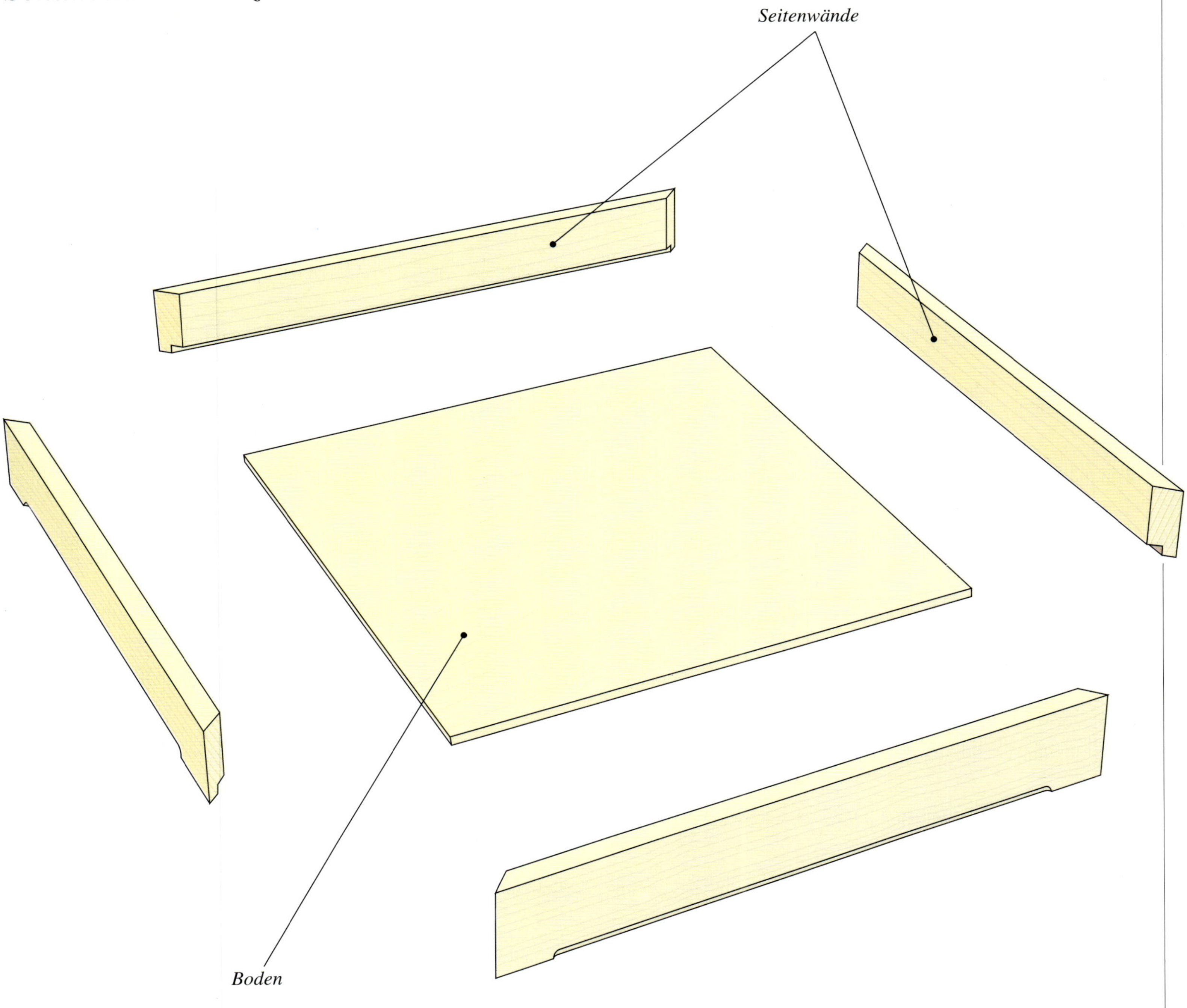

Projekt: Japanischer Paravent

Dieser zusammenlegbare Paravent ist eine Variante zu den traditionellen Shoji-Wänden, mit denen Zimmer in mehrere Abschnitte aufgeteilt werden. Diese aus Holz und durchscheinendem Papier zusammengesetzten Zwischenwände lassen diffuses Licht durch, aber keine Zugluft. Das Zuschneiden der vielen kreuzweisen Überblattungen erfordert Geduld und sorgfältige Arbeit; aber das Ergebnis lohnt die Mühe.

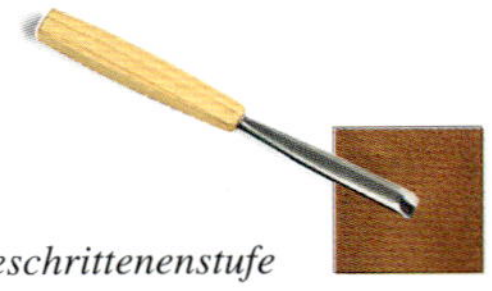

Schwierigkeitsgrad: Fortgeschrittenenstufe

Projekt-Übersicht

Holz: Kauri-Fichte

- Arbeit mit der Oberfräse (siehe Seite 139)
- Gehrungen schneiden (siehe Seite 138)
- Verbindungen (siehe Seite 142)
- Zusammensetzen (siehe unten)
- Endbearbeitung (siehe Seite 144)
- Überzug (siehe Seite 120)

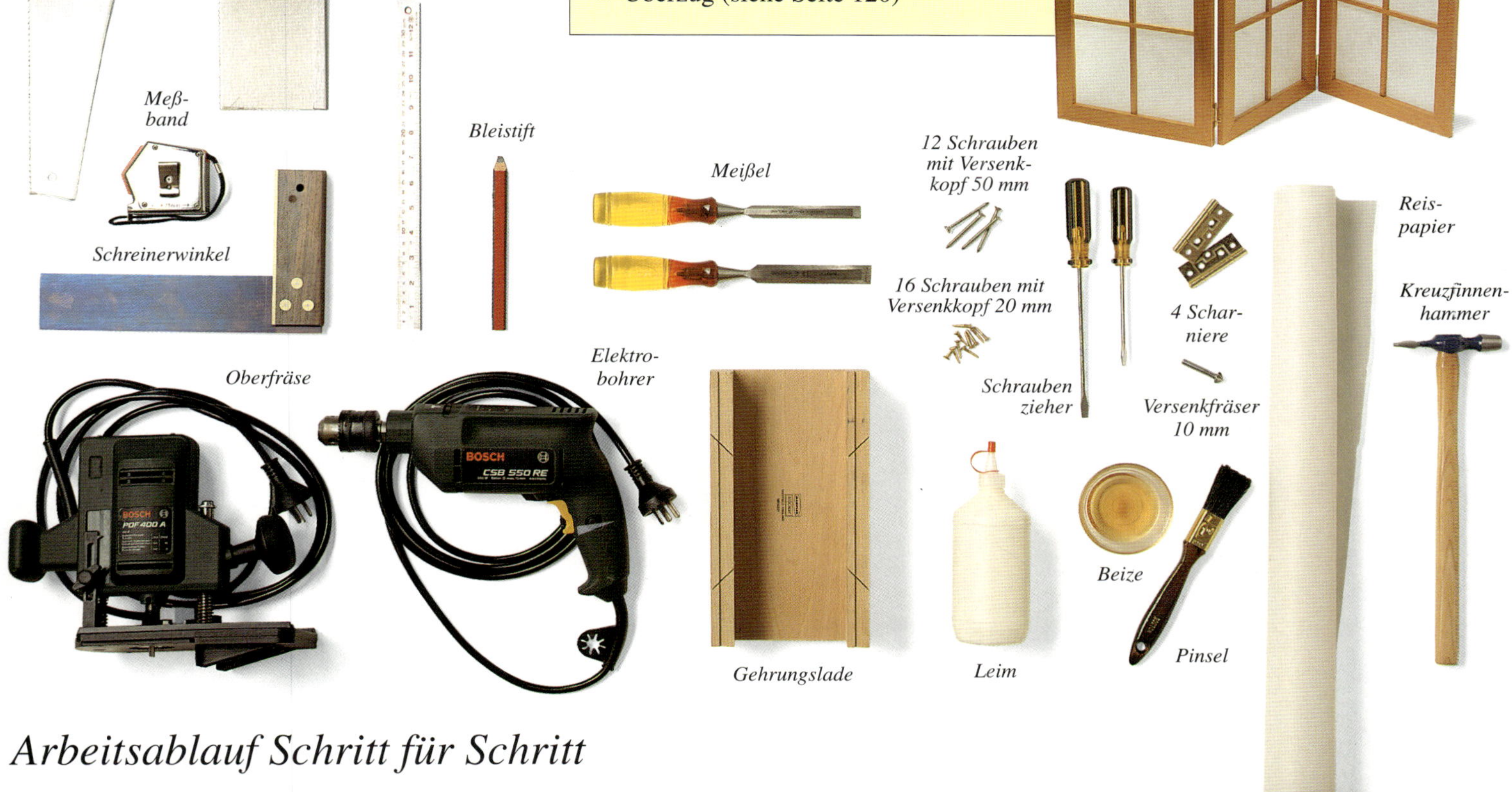

Arbeitsablauf Schritt für Schritt

1 Latten auf die richtige Länge zuschneiden (siehe Seite 167). An den Enden der vorderen und hinteren Rahmenteile im Winkel von 45° Gehrungen schneiden (siehe Seite 138), dann die so vorbereiteten Teile zusammenleimen.

2 Entlang einer Kante der vorderen Rahmenteile mit der Oberfräse hinten einen Falz von 12 x 12 mm fräsen (s. S. 139). Von oben und von unten Schraubenlöcher bohren, zur Verstärkung der Verbindung 50-mm-Versenkschrauben einsetzen.

3 Innenmaße des Rahmens prüfen, dann die Latten noch so weit verkürzen, daß sie exakt in den Rahmen passen. Mit Messer oder Bleistift in gleichmäßigen Abständen an den Latten die Kreuzungsstellen für die 6 mm tiefen Nuten markieren.

4 Mit Rückensäge und 12-mm-Meißel die Nuten an den markierten Stellen ausschneiden, dann die waagrechten Latten in den Rahmen legen, mit den Nuten nach oben.

5 Nun die senkrechten Latten über die waagrechten legen, exakte Länge markieren, Nuten nötigenfalls noch nachbearbeiten, bis sie genau ineinander passen. Alle Latten wieder herausnehmen.

6 Alle Verbindungsstellen mit Leim bestreichen, Teile wieder zusammensetzen. Die Latten mit Stiften in der Fase des Rahmens befestigen. In dieser Phase alle Holzteile fertig bearbeiten.

7 Den ganzen Rahmen und die Latten mit einem Gewebe oder mit Reispapier überziehen, mit Leim, Reißnägeln oder mit einer Heftmaschine befestigen. Gewebe oder Papier so zuschneiden, daß die Ränder nachher von den hinteren Rahmenteilen verdeckt werden.

8 Die hinteren Rahmenteile mit Stiften über Gewebe oder Papier mit dem vorderen Rahmen verbinden, ein Stift an jeder Verbindungsstelle. Alle Rahmen mit den 20-mm-Schrauben oben und unten mit Scharnieren verbinden.

Außer Papier – zum Beispiel Reispapier – eignen sich verschiedene Faserstoffe als Überzugsmaterial, auch Futterstoff aus Polyester.

Schaubild mit Einzelteilen

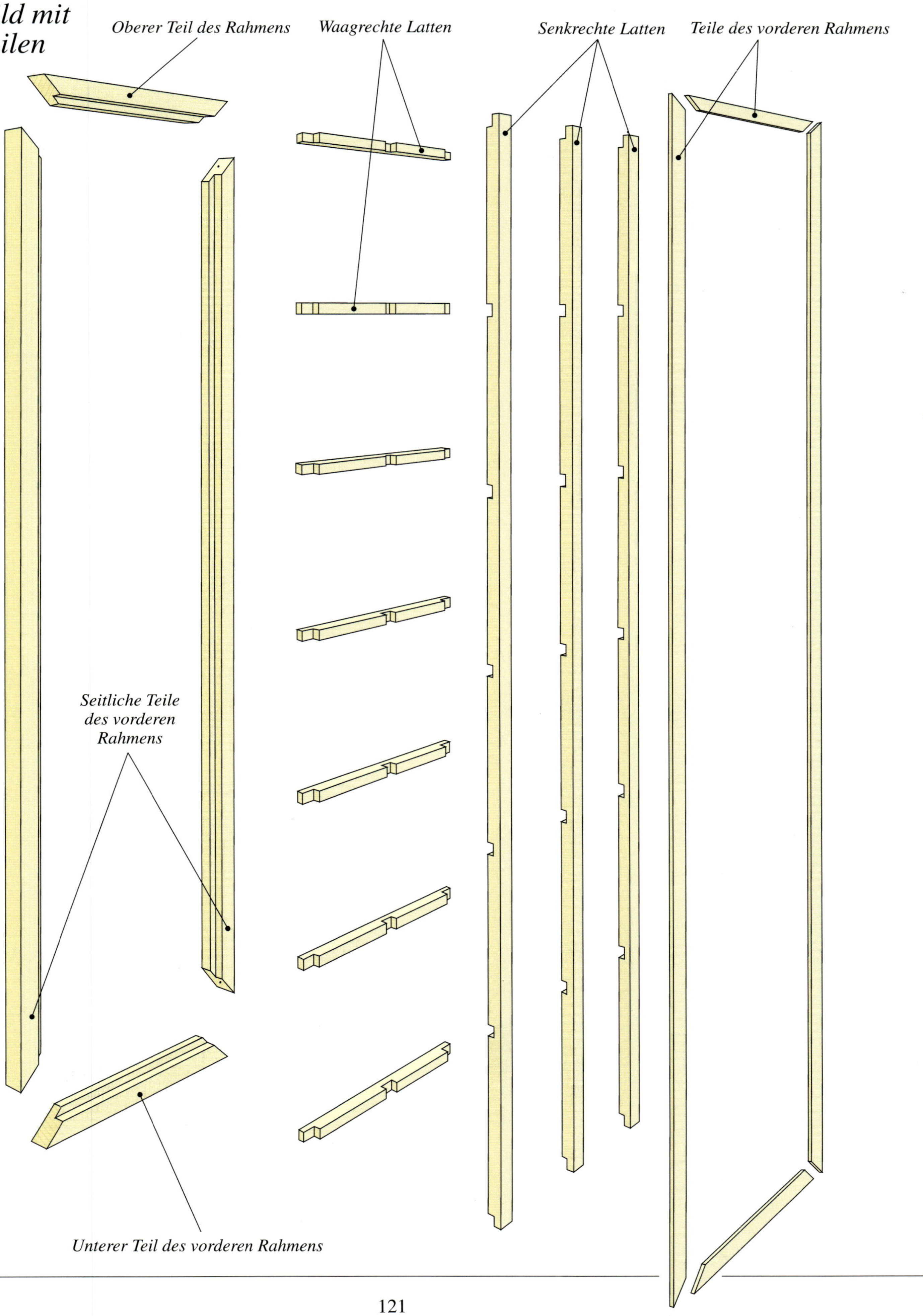

Australischer Kolonialstil

Als die ersten weißen Siedler nach Australien kamen, war ihr dringlichstes Anliegen, Selbstversorger zu werden. Die riesigen Entfernungen, welche die Terra Australis von ihren Bezugsquellen trennten, zwangen diese Leute, sich so rasch als möglich dem unvertrauten Klima, der fremden Landschaft und den an Ort und Stelle verfügbaren Materialien anzupassen. Diese Siedler arbeiteten unermüdlich und erfinderisch und entwickelten einen eigenen Stil der Holzbearbeitung, der so vielseitig und so subtil ist wie die rauhe Schönheit des australischen Busches.

Holz-Ziehpferdchen

Eine Vielfalt von rustikalen Stilformen, darunter Packkisten-Möbel und aus Ästen und grob behauenen Brettern zusammengesetzte Möbel, ist kennzeichnend für die Holzbearbeitung der australischen Kolonialzeit. Diese Stilformen entstanden dadurch, daß man das Holz in seinem Naturzustand bearbeitete, was nicht in erster Linie eine Fertigkeit im Zuschneiden und Formen des Holzes, sondern vor allem eine solche im Zusammenfügen der Teile erforderte. So schnitt man etwa einen gabelförmigen Ast der Länge nach entzwei, um daraus die Beine eines aus Ästen zusammengesetzten Stuhles zu machen; aus einem knorrigen Wurzelstock und einem darauf gesetzten Holzklotz entstand ein einfacher Hocker.

Weil man die Gegenstände dringend benötigte, blieb, zumindest im Anfang, meistens keine Zeit für eine aufwendige Endbearbeitung. Stühle wurden in sehr verschiedenen, oft ungewöhnlichen Formen hergestellt, vom einfachsten, nur aus einem Klotz bestehenden Hocker bis zum sinnreich konstruierten *Squatter's delight* („des Siedlers Wonne"), einem lediglich aus zwei Längs- und zwei Querleisten bestehenden und mit einem Sitz aus Sacktuch bespannten Möbel, das gegen eine Hauswand oder einen Baum gestützt werden mußte. Etwas besser Gestellte konnten sich in einem *Squatter's chair* („Siedler-Stuhl") räkeln. Der Jimmy-Possum-Stuhl hatte schrägstehende, nach oben hin sich verjüngende Beine, die über den Sitz herausragten und oben durch eine waagrechte Leiste, die Armlehne, verbunden waren.

Vorratsschränke für Lebensmittel wurden den Erfordernissen des Lebens im Busch angepaßt. So verwendete man Mückennetze, von Hand durchlöcherte Metallplatten oder mit Stoff bespannte Rahmen, welche die Luft durchließen, aber keine Insekten.

Whatnot (Etagere oder Nipptisch)

Aus Packkisten und Transportbehältern machte man Stühle, Schubladen und mancherlei sonstige Haushaltsartikel. Selbst bescheidene Garnspulen wurden weiter verwertet, zum Beispiel indem man zwei oder mehr Spulen zusammenleimte, um daraus Griffe oder Verzierungen an den Stäben eines kleinen Nipptisches *(Whatnot)* zu machen.

Als sich die Siedler allmählich vermehrt den Annehmlichkeiten des Lebens widmen konnten, begann man, die Stücke auf die eine oder andere Weise zu verschönern. Zum Beispiel wurden Kommoden und Schränke mit aufgesprenkelter Farbe verziert. Eine Art Brandmalerei mit dem Feuerhaken war beliebt; die Tier- und Pflanzenwelt des Busches lieferte die Motive. Geschickte Handwerker machten wundervolle Intarsien, welche die Kontraste in Farbe und Maserung der verschiedenen einheimischen Holzarten hervorheben.

Rohe Struktur, Bretter ohne feine Endbearbeitung, das sind Merkmale der Möbel des australischen Busches.

Ein aus grob behauenen Brettern und Füßen bestehender Tisch, darauf ein Mörser mit Stößel

Beispiele und Varianten

Die Holzarbeit der australischen Kolonialzeit zeichnet sich aus durch Erfindungsgabe und Betonung der praktischen Anwendbarkeit. Not macht erfinderisch, wie wir an vielen innovativen Problemlösungen der Holzbearbeitung sehen können. Die australischen Harthölzer sind viel schwieriger zu bearbeiten als die europäischen Sorten, so daß viele Werkzeuge der Siedler rasch stumpf wurden oder gar zerbrachen. Das mag dazu beigetragen haben, daß man sich darauf verlegte, das Holz soweit als möglich in seinem natürlichen Zustand zu verwenden. Viele der einheimischen Hölzer sind zwar brüchig, aber trotzdem dauerhaft, und sie entwickeln mit der Zeit eine schöne mattglänzende Patina.

Besteckkasten

In diesem einfachen, aber zweckmäßigen Kasten wurde das Besteck aufbewahrt und zu dem im Freien aufgestellten Eßtisch getragen.

Markenstempel

Der berühmte Känguruh-Stempel der Melbourne Chair Company (Stuhlfabrik). Auf anderen Stempeln sind australische Vögel abgebildet, zum Beispiel Emu oder Leierschwanz.

Australische Rot-Zeder

Jarrah

Tasmanische Schwarzholz-Akazie

Tasmanische Harzeibe

Holzarten

Wegen der Abgeschiedenheit Australiens wurden in der Kolonialzeit meistens einheimische, nicht importierte Hölzer verarbeitet.

Kommode

Die Schubladen dieser Kommode aus Tasmanien sind „umfunktionierte" Munitionskisten.

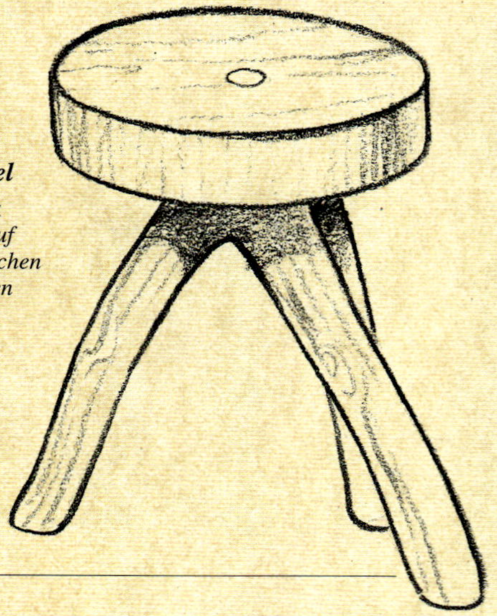

Holzklotz-Schemel

Ein dicker Holzklotz wurde mit Dübeln auf den aus einer dreifachen Astgabel bestehenden Füßen des Schemels befestigt.

Schnitzereien

Die einzigartige Pflanzen- und Tierwelt Australiens bietet den Schnitzerinnen und Schnitzern eine Fülle von schönen Motiven.

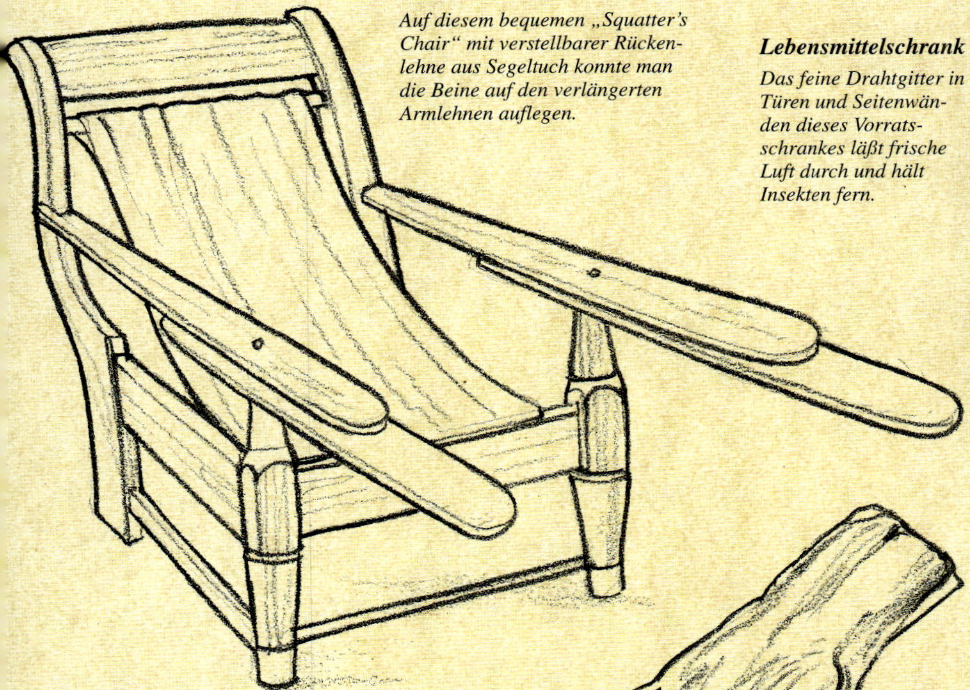

Siedler-Stuhl

Auf diesem bequemen „Squatter's Chair" mit verstellbarer Rückenlehne aus Segeltuch konnte man die Beine auf den verlängerten Armlehnen auflegen.

Lebensmittelschrank

Das feine Drahtgitter in Türen und Seitenwänden dieses Vorratsschrankes läßt frische Luft durch und hält Insekten fern.

Busch-Stuhl

Im Busch wurden Baumäste in ihrer natürlichen Form zur Herstellung primitiver, aber zweckdienlicher Möbel verwendet.

Schafscherer-Stuhl

Ein solcher leicht zusammenlegbarer Stuhl wurde auch „Grubenarbeiter-Stuhl" genannt und wurde vor allem von Wanderarbeitern benutzt.

Jimmy-Possum-Stuhl

Dieser hauptsächlich aus Stäben zusammengesetzte Stuhl heißt nach seinem Erfinder, einem Schreiner aus Tasmanien, und wurde bald in ganz Australien beliebt.

Projekt: Vorratsschrank im Australischen Kolonialstil

In einem heißen Klima Lebensmittel aufzubewahren, war für die australischen Siedler ein Problem. Eine Lösung bestand darin, Türen und Seitenwände des Schrankes mit durchlöcherten Blechplatten zu versehen, so daß frische Luft Zutritt hatte, aber keine Fliegen oder anderes Ungeziefer hineingelangen konnten. Zum Schutz vor Ameisen stellte man die Füße in mit Wasser gefüllte Schalen.

Schwierigkeitsgrad: Fortgeschrittenenstufe

Projekt-Übersicht

Holz: Kauri-Fichte

- Verbindungen (siehe Seite 142)
- Zusammensetzen (siehe unten)
- Löcher stanzen (siehe Seite 128)
- Arbeit mit der Stichsäge (siehe Seite 139)
- Endbearbeitung (siehe Seite 144)

Arbeitsablauf Schritt für Schritt

1 Holz zuschneiden (siehe Seite 138). Muster für die Rückwand und die Seitenwände des Aufsatzes übertragen. Schlitze für die Verbindungen mit spitzigem Bleistift oder Messer markieren.

2 Mit Rückensäge und Meißel die Verbindungen A und B (durchgehende Überblattungen, siehe Seite 142) ausschneiden. Für die Verbindung C (nicht durchgehende Überblattung) nur den Meißel verwenden.

3 Rahmen des Möbels zusammensetzen. Rahmen der Türe zusammensetzen. Alle Teile mit den Schraubzwingen zusammenhalten, aber nicht zu stark. Scharniere auf der Innenseite der Türe montieren.

4 Rahmen der Türe hobeln, so daß sie gut in die Türöffnung paßt. Deckel und Boden einsetzen, mit Leim befestigen. Leicht mit den Schraubzwingen zusammenklemmen, bis der Leim trocken ist.

5 Blech auf richtiges Format schneiden. Die Löcher von der Innenseite des Bleches her mit dem Nagel einstanzen. Die durchlöcherten Blechteile auf die Rahmenteile legen, mit den Stiften befestigen.

6 Die Querleisten auf der Innenseite des Möbels einleimen, zusätzlich mit Stiften befestigen. Zwischenboden auf die Querleisten legen, dann die Türscharniere mit dem Möbel verbinden.

7 Rückwand und Seitenwände des Aufsatzes mit der Stichsäge aussägen (s. S. 139). Aufsatz auf den Deckel des Möbels leimen, beschweren (zum Beispiel mit Ziegelsteinen), bis der Leim trocken ist.

8 Den hölzernen Riegel mit den beiden Flachkopfschrauben befestigen, wie in der Abbildung gezeigt. Endbearbeitung mit Wachs.

Löcher stanzen

Das Muster auf der Innenseite des Bleches zeichnen, dann das Blech auf ein Stück Abfallholz legen, mit einem großen Nagel von der Innenseite her die Löcher stanzen. Die scharfen Ränder der Löcher sind dann außen, damit kein Ungeziefer durchkriechen kann.

Schaubild mit Einzelteilen

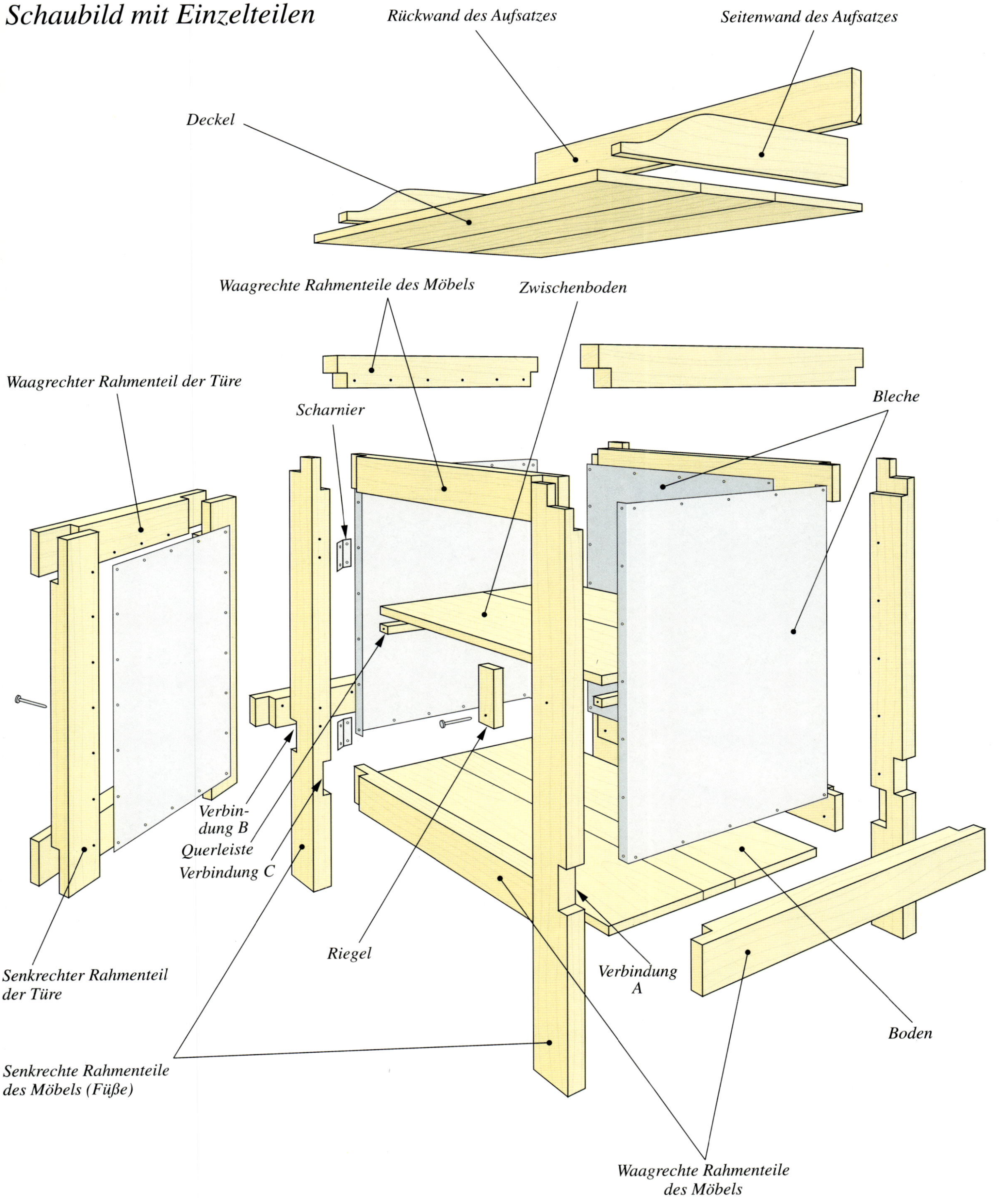

Projekt: Besteckkasten im Australischen Kolonialstil

Auf dem Küchenschrank stand meistens ein solider tragbarer Besteckkasten mit einem ausgesägten Handgriff. Messer, Gabeln und Löffel wurden vor jeder Mahlzeit zu dem im Freien stehenden Eßtisch getragen. Der hier abgebildete Kasten wurde grün bemalt, dann wurde die Farbe ein wenig abgeschabt, um dem Kasten ein „antikes“ Aussehen zu geben.

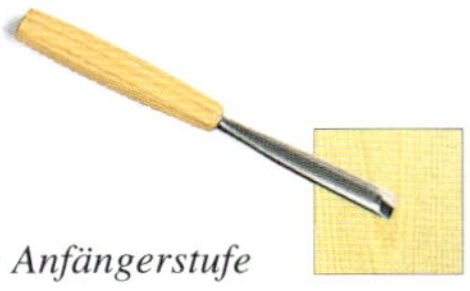

Schwierigkeitsgrad: Anfängerstufe

Projekt-Übersicht

Holz: Kauri-Fichte

- Verleimen (siehe Seite 18)
- Profilieren (siehe Seite 140)
- Abschrägen (siehe Seite 141)
- Zusammensetzen (siehe unten)
- Endbearbeitung (siehe Seite 144)

Arbeitsablauf Schritt für Schritt

1 Holz zuschneiden (s. S. 170). Die zwei Hälften des Bodens verleimen. Muster für Längsseiten und Zwischenwand übertragen, mit der Stichsäge aussägen. In den Handgriffteil (Zwischenwand) zwei Löcher bohren, Form mit der Laubsäge aussägen.

2 Unterseite der beiden Längsseiten mit dem Hobel auf einen Winkel von 10° abschrägen. Oberen Rand des Bodens zur Verschönerung ringsum abfasen (siehe Seite 141). Alle Teile abschleifen, zusammensetzen und leimen.

3 Boden mit den Versenkschrauben mit allen vier Wänden verbinden. Zwischenwand mit den Rundkopfschrauben an den Schmalseiten befestigen. Mit Farbe behandeln, dann Farbe leicht abschleifen, lackieren.

Allgemeine Informationen

Dieses Kapitel wird vor allem dem Anfänger, der Anfängerin auf dem Gebiet der Holzbearbeitung von Nutzen sein, wenn es darum geht, etwas mehr über die einzelnen Schritte für die verschiedenen Projekte des Buches zu erfahren. Sie finden hier Details über jede der wichtigsten Techniken. Wenn Sie schon Erfahrungen gesammelt haben, können Sie Ihre eigenen Ideen einbringen und sich dabei von den „Beispielen und Varianten“ der einzelnen Kapitel inspirieren lassen.

Die Wahl des Holzes

Man unterscheidet Weichhölzer und Harthölzer. Diese Bezeichnungen sind allerdings manchmal ein wenig verwirrend, weil sie nicht immer der tatsächlichen Beschaffenheit des Holzes entsprechen. So gehört beispielsweise das Balsaholz zu den Harthölzern, obwohl es sich bei der Verarbeitung als ausgesprochen „weich“ erweist. Einzelheiten über die Eigenschaften der verschiedenen, für unsere Projekte in Frage kommenden Holzsorten finden Sie im Katalog der Holzarten auf den Seiten 146–148.

Messen Sie die Bretter sorgfältig, bevor Sie sie zersägen.

Die Harthölzer stammen von Laubbäumen wie Eiche, Mahagoni, Eukalyptus, Ahorn und vielen anderen. Diese Bäume bilden Samen in einer Frucht und werden als Bedecktsamer bezeichnet. Das Holz hat eine enge Maserung und aus rohrförmigen Zellen zusammengesetzte Gefäße, ist also porös. Die enge Maserung schützt das Holz vor Zersplittern, bringt es aber mit sich, daß das Holz vielfach besonders für die Anfängerin oder den Anfänger schwierig zu bearbeiten ist. Aus Hartholz hergestellte Gegenstände können bei richtiger Behandlung Jahrhunderte überdauern.

Die Weichhölzer stammen von den meist immergrünen Nadelbäumen oder Koniferen, welche nackte Samen entwickeln und daher als Nacktsamer bezeichnet werden. Das Holz ist nicht porös. Die meisten Weichhölzer haben eine gröbere Maserung als die Harthölzer und lassen sich daher leichter mit Säge, Schnitzerwerkzeugen und Nägeln bearbeiten. Mit Ausnahme des Holzes der meisten Kieferarten neigen diese Hölzer jedoch zum Zersplittern, wenn sie zu komplizierten Gegenständen verarbeitet werden. Auch sind sie weniger dauerhaft als Harthölzer und werden daher am besten mit Farbe oder Lack behandelt anstatt bloß mit Wachs.

Das Holz wird in verschiedene Güteklassen eingeteilt, von guter Schreinerware bis zu Konstruktionshölzern, und diese Klassen werden manchmal nochmals unterteilt. Die besten und teuersten Qualitäten – Holz mit wenigen Ästen oder anderen Mängeln – werden in der Möbelschreinerei verwendet, die geringsten – grobes Holz mit zahlreichen Mängeln – im Bau oder für Kisten und Paletten. Um Geld zu sparen, können Sie für manche Projekte eine Mischung von verschiedenen Qualitäten verwenden, indem Sie das teurere Holz dort einsetzen, wo es sichtbar, das billigere dort, wo es nicht sichtbar ist.

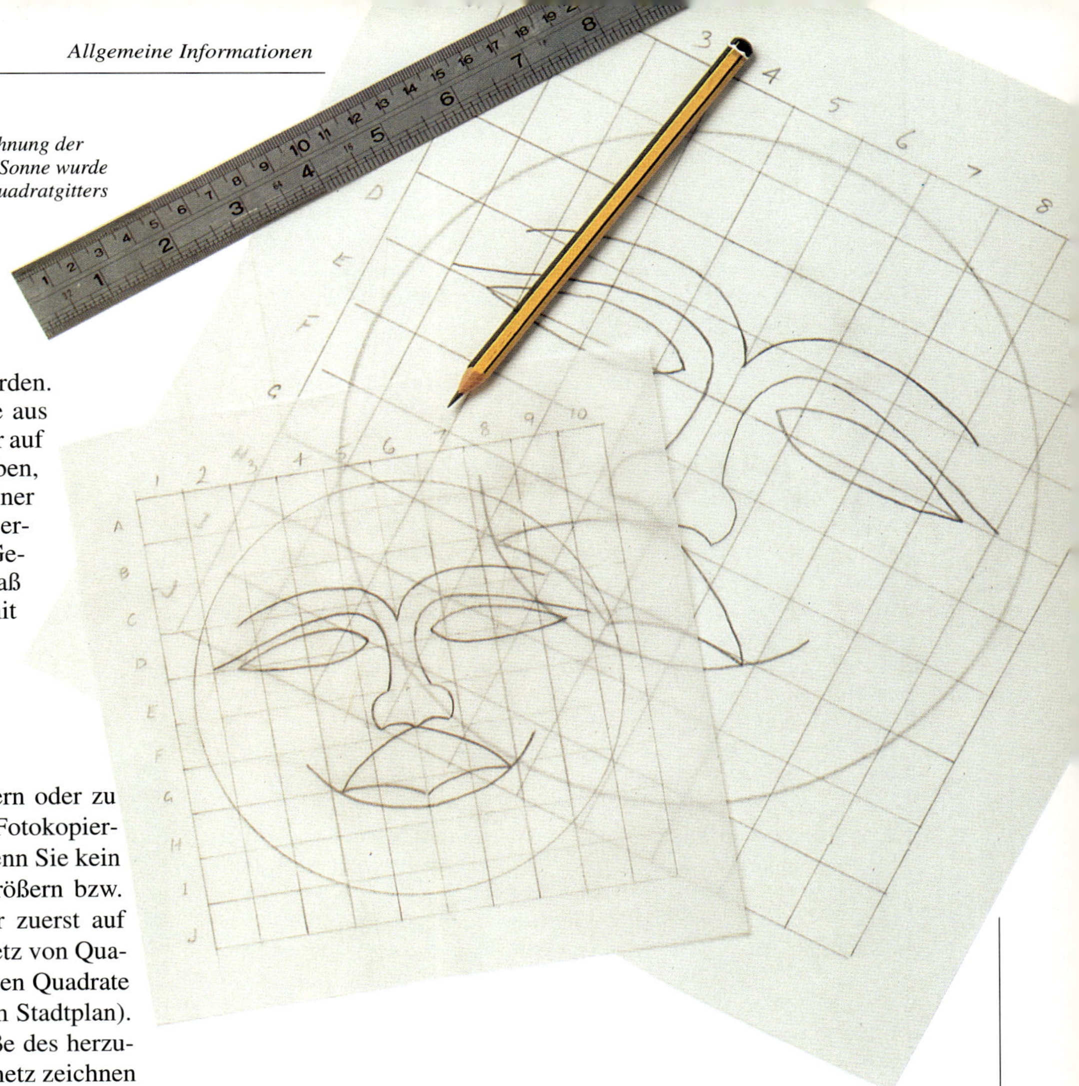

Die kleine Zeichnung der mexikanischen Sonne wurde mit Hilfe des Quadratgitters vergrößert.

Holz wiederverwenden

Altes Holz kann manchmal wiederverwendet werden. So ist es oft relativ einfach, preiswerte Holzreste aus Abbruchobjekten, bei einem Altwarenhändler oder auf einem Flohmarkt zu kaufen. Wenn Sie Glück haben, finden Sie dort vielleicht sogar ein Möbel aus einer seltenen alten Holzart, die im Handel nicht mehr erhältlich ist. Wenn Sie solche Stücke zu neuen Gegenständen verarbeiten, so achten Sie darauf, daß alte Schrauben und Nägel entfernt und Löcher mit Kitt verstopft werden müssen.

Muster übertragen

Die einfachste Methode, ein Muster zu vergrößern oder zu verkleinern, besteht darin, das Bild mit einem Fotokopiergerät auf das gewünschte Format umzusetzen. Wenn Sie kein Gerät zur Verfügung haben, mit dem man vergrößern bzw. verkleinern kann, so übertragen Sie das Muster zuerst auf Pauspapier. Dann ein Quadratgitter – ein Rasternetz von Quadraten – auf das Pauspapier zeichnen, die einzelnen Quadrate numerieren (etwa wie die Planquadrate auf einem Stadtplan). Nun auf einem zweiten Pauspapier, das der Größe des herzustellenden Objektes entspricht, wieder ein Rasternetz zeichnen mit der gleichen Anzahl, jedoch entsprechend größerer (oder kleinerer) Quadrate. Diese Quadrate gleich numerieren wie diejenigen der Vorlage, das Muster nach Augenmaß freihändig Schritt für Schritt in die neuen Quadrate übertragen. Die Abbildung rechts zeigt ein Beispiel dieser Methode, mit dem kleinen Originalbild und der Vergrößerung.
Um das Muster in der gewünschten Größe auf das Holz zu übertragen, befestigt man die Vergrößerung mit Klebestreifen auf dem Holz, legt ein Blatt Übertragungspapier (Kohlepapier) dazwischen und zeichnet das Muster mit einem harten Stift nach. Wenn Sie sich auf Ihr sicheres Augenmaß verlassen können, gibt es eine einfachere Methode: das vergrößerte (oder verkleinerte) Quadratgitter auf das Holz zeichnen und dann das Muster freihändig direkt, also ohne Zwischenstufe, darauf übertragen. Und wenn Sie für ein sehr großes Muster doch das andere Verfahren vorziehen, dann teilen Sie das Muster nötigenfalls in mehrere Abschnitte und übertragen es stückweise auf das Holz (für jeden Abschnitt einen Bogen Pauspapier). Wenn es sich um ein symmetrisches Muster handelt, müssen Sie nur die eine Hälfte auf das durchscheinende Pauspapier zeichnen, dieses dann umkehren und die andere Hälfte (das Spiegelbild der ersten) auf das Holz übertragen.

Faserrichtung

Bei der Arbeit mit Hobel oder Meißel ist es wichtig, entweder in der Faserrichtung oder diagonal dazu zu arbeiten, aber nicht gegen die Faserrichtung, weil dadurch die Fasern aufgerissen werden, so daß eine rauhe Oberfläche entsteht. In der nebenstehenden Skizze steigen die mit „A“ bezeichneten Fasern in der linken Hälfte des Bildes gegen die Brettmitte so an, daß sie beim Hobeln von rechts nach links abbrechen würden, und bei den mit „B“ bezeichneten Fasern in der rechten Hälfte des Bildes verhält es sich genau umgekehrt. Ein solches Brett muß man daher in zwei Etappen hobeln, in diesem Fall von beiden Enden her gegen die Mitte zu, um eine schöne und gleichmäßige Oberfläche zu erhalten. In der Mitte dieses Brettes gibt es keine ausgeprägte Faserrichtung.

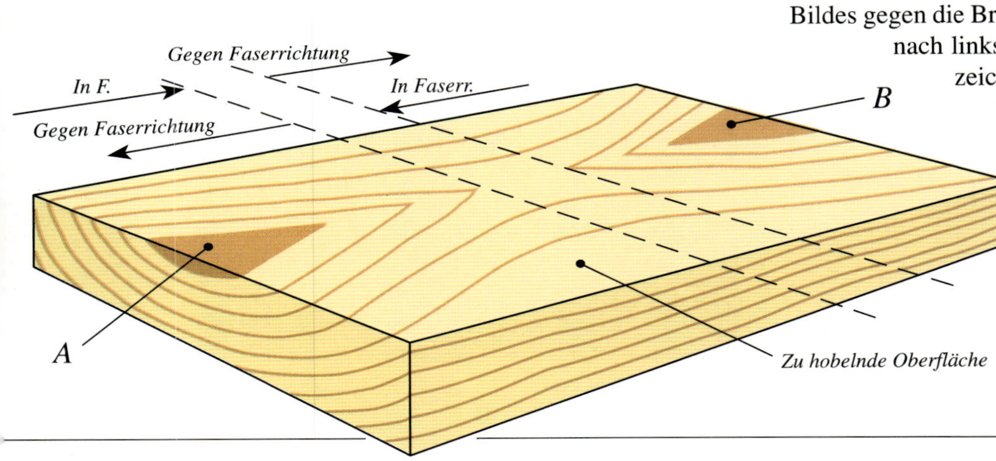

Die Werkstatt

Bei der Wahl eines Platzes für Ihre Holzarbeiten werden Sie zunächst einmal darauf achten müssen, daß Sie große Bretter hinein- und große fertige Möbel oder andere Gegenstände hinaustragen können, wenn möglich ohne vorher Türen aus den Angeln zu heben. Eine Werkstatt außerhalb der Wohnung, zum Beispiel in einer Autogarage oder Scheune, hat den Vorteil, daß die übrigen Mitglieder Ihrer Familie nicht durch Lärm und Staub belästigt werden.

Die Werkstatt muß frei von übermäßiger Luftfeuchtigkeit sein, weil diese den Werkzeugen und Maschinen schaden würde. Gute Beleuchtung und Lüftung sind wichtig, sowohl für Ihre Sicherheit wie für das angenehme Arbeiten. Das beste Licht ist das normale Tageslicht. Wenn keine Fenster vorhanden sind, genügen vielleicht Dachluken oder Glasscheiben in Türe, Wand oder Decke. Um abends oder nachts arbeiten zu können, verwenden Sie mit Vorteil eine Leuchtröhre für die allgemeine Beleuchtung und zusätzlich einen kleinen Scheinwerfer für die örtliche Beleuchtung der gerade zu bearbeitenden Partien. Alle Lampen müssen gut vor herumfliegenden Holzspänen geschützt sein.

Elektrogeräte müssen fachgemäß angeschlossen und geerdet werden. Achten Sie darauf, daß die höchstzulässige Kapazität nicht überschritten wird; im Zweifelsfalle fragen Sie einen Fachmann. Lassen Sie keine Kabel auf dem Arbeitstisch oder am Boden herumliegen, wo sie zum Beispiel durch ein herabfallendes Werkzeug beschädigt werden könnten.

Eine sehr wichtige Sicherheitsmaßnahme ist der Schutz vor Brandgefahr. Halten Sie Ihre Werkstatt frei von Holzspänen und Sägemehl, führen Sie ein striktes Rauchverbot ein, bewahren Sie brennbare Materialien, wie Farben, Lacke und Lösungsmittel, an vor Hitze geschützten Stellen auf (Vorschriften des Herstellers beachten!), und löschen Sie Sparflammen und Bunsenbrenner aus, bevor Sie mit solchen Materialien arbeiten. Es lohnt sich, ein Feuerlöschgerät anzuschaffen, sowohl für die Werkstatt wie für die Wohnung. Selbstverständlich gilt für unbeaufsichtigte kleine Kinder „Zutritt zur Werkstatt verboten“; insbesondere sollen gefährliche Werkzeuge und giftige Substanzen so aufbewahrt werden, daß sie für Kinder unerreichbar sind.

Während der Arbeit sollen die im Moment nicht benötigten Handwerkzeuge zwar leicht erreichbar sein, aber nicht so, daß sie Ihnen im Wege sind. Am besten hängen Sie sie an Haken oder Nägeln an der Wand neben der Werkbank auf. Große, schwere Werkzeuge und Maschinen stellt man wenn möglich so auf, daß man darauf arbeiten kann, ohne sie verschieben zu müssen. Lassen Sie genügend Spielraum für Arbeit mit großen Brettern oder Balken.

Das Holz muß in einem gut belüfteten, nicht zu feuchten Raum gelagert werden, damit es sich nicht verzieht. Die Werkbank oder der Arbeitstisch muß die Erschütterungen von Elektrowerkzeugen aushalten können und solide genug sein, daß man große Stücke darauf bearbeiten kann. Dann benötigen Sie natürlich einige in Fächer eingeteilte Schubladen oder Schachteln zum Aufbewahren von Nägeln, Schrauben und ähnlichem. Für die Endbearbeitung eines Gegenstandes (Malen, Lackieren) brauchen Sie einen möglichst staubfreien Raum, wo die Farbe oder der Lack trocknen kann. Schirmen Sie zum Schutz vor Sägemehl gegebenenfalls diesen Raum durch einen Vorhang oder eine Zwischenwand von der Werkstatt ab.

Workmate 400
Workmate 400

Werkzeuge

Streichmaß
Zum Anreißen (Markieren) von Fälzen, Schlitzen und Zapfen

Flacher Schreinerstift
Zum Markieren von geraden Linien

Meßband

Lineal

Winkelschmiege
Zum Markieren von Winkeln

Schraubenzieher

Kreuzschlitz-Schraubenzieher

Spitzige Zange (Telefonzange) und Flachzange

Blechschere

Schreinerwinkel
Zum Markieren rechter Winkel

Kreuzfinnenhammer
Zum Einschlagen kleiner Nägel und Stifte

Elektrobohrer
Für große Löcher und schwierigere Bohrarbeiten, vor allem in Hartholz

Versenkfräser
Zum Erweitern des oberen Teils eines Schraubenlochs, so daß der Schraubenkopf versenkt werden kann

Schreinerklüpfel
Für die Arbeit mit Flachmeißeln

Zwinge
Zum Zusammenklammern von großen Teilen beim Leimen

Klauenhammer
Zum Einschlagen und Herausziehen von Nägeln

Handbohrer
Für kleine und leichte Bohrarbeiten

Schraubzwingen
Zum Festhalten von Holzteilen beim Zusammenleimen

Spiralbohrer
Zum Einsatz in Hand- oder Elektrobohrer, für Holz und Metall

Flachfräsbohrer
Zum Bohren größerer Löcher mit dem Elektrobohrer

Dübelbohrlehre
Zum Bohren von Dübellöchern im Winkel von genau 90°

Raspeln

Mit geradem und gerundetem Querschnitt, zum groben Bearbeiten von Kanten

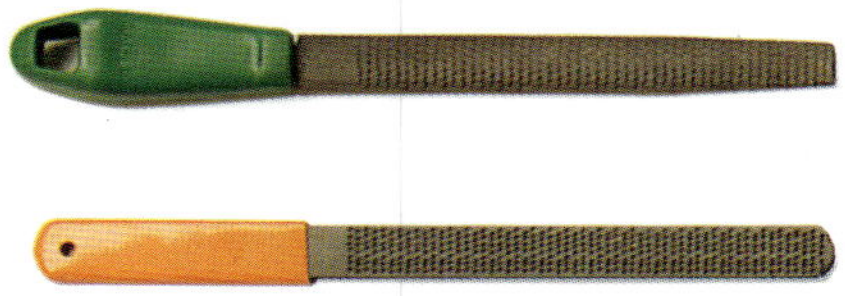

Schleifblock

Um einen Holzklotz gewickeltes Schleifpapier, zum Bearbeiten von flachen Partien

Schwingschleifer

Zum Feinschleifen von großen, flachen Partien

Schlägel (Schlegel, Klüpfel, Knüppel, Holzhammer)

Zur Verwendung in der Holzschnitzerei, zusammen mit Meißeln und Hohlmeißeln

Feilen

Für die feinere Bearbeitung von Holzteilen; Feilen mit rundem Querschnitt zum Erweitern von Löchern

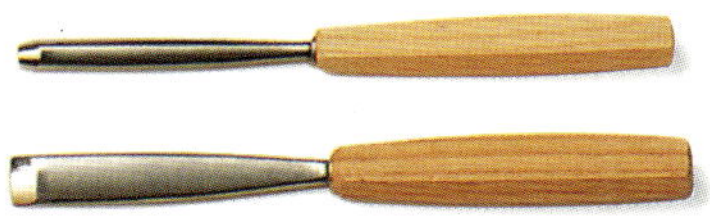

Hohlmeißel

Zum Schnitzen von hohlen oder gewölbten Formen

Exzenterschleifer

Für einen feinen letzten Schliff zu verwenden

Putzhobel

Zum Abrunden der Kanten

Fuchsschwanzsäge

Handsäge für große Bretter

Rückensäge

Zum Sägen von Zapfen und anderen Fugenteilen mit einer Gehrungslade

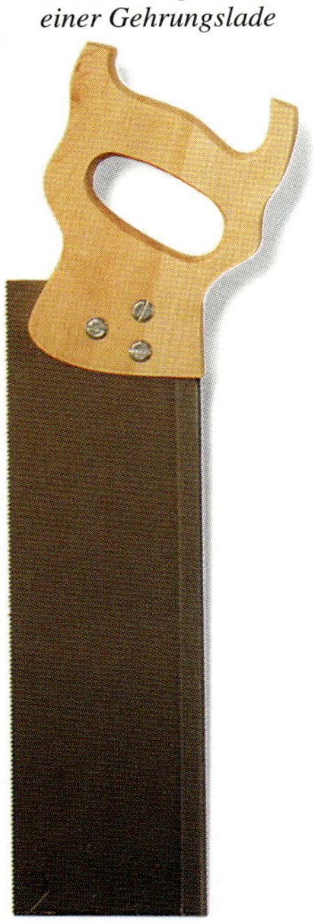

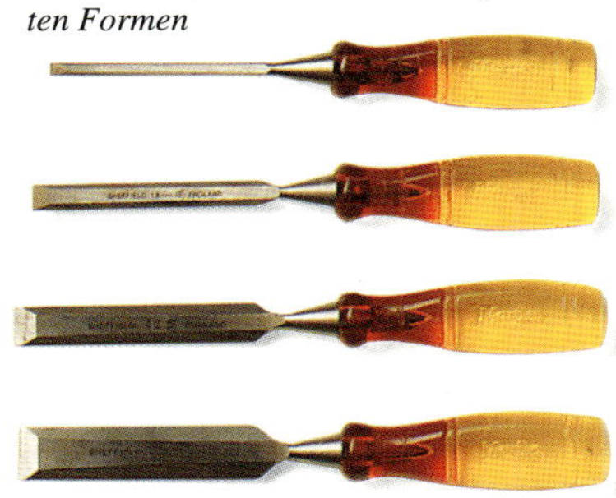

Stechbeitel, Stemmeisen, Flachmeißel

Zum Schneiden von Verbindungen aller Art

Laubsäge

Zum Aussägen von feinen und komplizierten Formen

Hobel

Zum Glatthobeln von großen Flächen und von Kanten

Gehrungslade, Schneidlade

Zum Schneiden von Winkeln von genau 45°

Stichsäge

Zum raschen Aussägen von gebogenen Formen

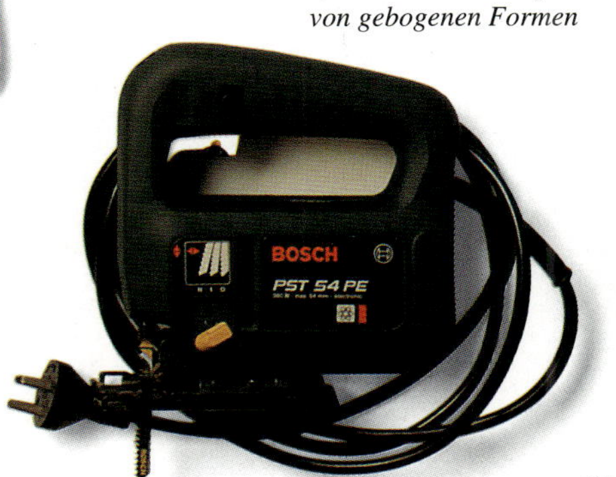

Oberfräse

Mit passenden Bohrern oder Fräsern kombiniert, zum Schneiden von Nuten, Kehlen und Kanten mit verschiedenen Profilen

Schneidetechniken

Sägen

Wenn Sie noch über wenig Erfahrung im Umgang mit der Handsäge verfügen, haben Sie vielleicht Mühe, einen schön geraden Schnitt auszuführen. Das kommt meistens daher, daß Sie Ihren Ellbogen nach außen drehen, anstatt ihn eng an Ihren Oberkörper zu pressen. Prüfen Sie mit dem Schreinerwinkel, ob Sie das Sägeblatt genau im rechten Winkel zur Oberfläche des Brettes halten. Halten Sie die Säge immer in gutem Zustand, schleifen Sie die Zähne regelmäßig mit einer Feile nach.

Gehrungen

Eine Gehrung wird geschnitten, indem man zwei Bretter auf einen Winkel von 45° schneidet und dann zusammenfügt, so daß ein rechter Winkel entsteht. Verwenden Sie eine Gehrungslade (Schneidlade), um zu gewährleisten, daß sich das Holz beim Sägen nicht verschiebt und daß das Sägeblatt senkrecht auf der Oberfläche des Holzes und im genauen Winkel von 45° zum Rand des Brettes steht. Die Rückensäge eignet sich für diese Arbeit am besten.

Arbeit mit der Laubsäge

Eine Laubsäge mit fein gezahntem Sägeblatt wird verwendet, um Muster aus einem Brett auszuschneiden. Zuerst in die wegzuschneidende Partie ein genügend großes Loch bohren, das Sägeblatt hindurchziehen und am Rahmen des Werkzeugs befestigen, und zwar so, daß die Zähne nach vorn (unten) gerichtet sind. Das Ausschneiden von Ecken zuerst auf Abfallholz üben.

Arbeit mit der Stichsäge

Mit einer elektrischen Stichsäge lassen sich vielerlei Muster rasch und exakt ausschneiden. Achten Sie darauf, daß Sie das für die vorgesehene Arbeit geeignete Sägeblatt gewählt haben, daß das Sägeblatt richtig eingesetzt ist und daß die Bodenplatte im richtigen Winkel steht (Gebrauchsanleitung beachten). Vorsicht: Das Kabel so legen, daß es nicht mit dem Sägeblatt in Berührung kommt.

Einsatz der Oberfräse

Mit der Oberfräse können Sie rasch Kehlen, Fälze und mancherlei Profile in den Kanten des Brettes anfertigen. Es gibt eine große Auswahl von Profilfräsern. Bei der Arbeit mit der Oberfräse ist Vorsicht geboten; eine Unachtsamkeit kann zu schlimmen Verletzungen führen. Achten Sie darauf, daß der Fräser fest sitzt, üben Sie zuerst auf einem Stück Abfallholz. Lesen Sie die Gebrauchsanleitung aufmerksam.

Arbeit mit Meißel und Hohlmeißel

Mit Meißel und Schlägel werden größere oder kleinere Holzstücke ausgeschnitten, zum Beispiel um Verbindungen zu formen oder Scharniere einzufügen. Immer entweder in Faserrichtung oder schräg zur Faserrichtung arbeiten, nie gegen die Faserrichtung, da dies zum Zersplittern des Holzes führen kann (siehe Seite 133). Auch bei der Arbeit mit dem Meißel ist Vorsicht geboten. Immer vom Körper weg, nicht auf den Körper zu schneiden, um Verletzungen durch Ausrutscher zu vermeiden. Das Holz immer mit Zwingen oder Klammern am Arbeitstisch befestigen.

Profilierungs-Techniken

Feilen

Feilen und Raspeln sind in vielen Größen und Formen erhältlich. Sie werden sowohl für die grobe wie für die feine Bearbeitung von mit der Säge ausgeführten Schnitten verwendet. Mit Raspeln arbeitet man rascher, wenn es darum geht, ziemlich viel Holz zu entfernen. Feilen lassen sich in drei Gruppen einteilen, grob, mittel und fein. Mit runden Feilen werden Löcher erweitert. Feilen braucht man auch, um andere Werkzeuge, insbesondere Sägen, zu schleifen. Zur Feinbearbeitung einer Oberfläche verwendet man in der Regel zuletzt noch Schleifpapier (siehe Einzelheiten auf Seite 144).

Hobeln

Wenn Sie keine Elektrowerkzeuge haben, brauchen Sie auf jeden Fall einen Hobel. Für kleine Arbeiten ist der Hobel manchmal besser geeignet als ein Elektrowerkzeug. Von den verschiedenen Typen von Hobeln sind – neben dem Putzhobel unten – zu erwähnen: der kleine Schabhobel (zum Glätten), der Schrupphobel (zum groben Wegschaffen von Material) und der lange Schlichthobel. Man hobelt auf Stoß, in Faserrichtung.

Der Putzhobel

Der Putzhobel hat zwei Griffe und wird mit beiden Händen geführt. Der englische Name „Spokeshave" (Speichenhobel) erinnert an frühere Zeiten, als die hölzernen Wagenräder mit diesem Werkzeug bearbeitet wurden. Der Putzhobel arbeitet auf Stoß und auf Zug. Um eine glatte Fläche zu erhalten, muß man in Faserrichtung arbeiten. Dieses Werkzeug dient auch zum Abfasen und zum Abrunden von Kanten.

Abschrägen

Um andere als rechte Winkel zu markieren, verwendet man die Winkelschmiege. Mit dem Winkelmesser den gewünschten Winkel einstellen, die Schmiege auf das Holz legen, den Winkel mit Bleistift oder scharfem Messer auf dem Holz markieren. Dann bis zu dieser Linie abhobeln (siehe Seite 140), mit der Winkelschmiege prüfen, ob der Winkel auf der ganzen Länge stimmt. Für Winkel von 90° Schreinerwinkel verwenden.

Abfasen

Unter Abfasen versteht man das Abhobeln eines schmalen flachen Teils des Brettes in einem Winkel von meistens 45°. Dies geschieht einerseits zu dekorativen Zwecken, andererseits um die Gefahr des Zersplitterns der Kante zu vermindern. Für die Ecken einen kleinen Hobel verwenden. Breite und Winkel der Fase können variieren, je nach dem gewünschten Aussehen des fertigen Objektes.

Schnitzen

Zum Schnitzen verwendet man in der Regel Hohlmeißel, die in vielen Varianten erhältlich sind, mit rundem oder V-förmigem Querschnitt (Geißfuß). Man arbeitet meistens mit einem Schlägel (Holzhammer). In Faserrichtung oder schräg zur Faserrichtung schnitzen, nie gegen die Faserrichtung, weil dadurch das Holz aufgerissen wird oder zersplittert (siehe Seite 133). Aus Sicherheitsgründen ist es ratsam, das Werkstück mit Schraubzwingen am Arbeitstisch zu befestigen und vom Körper weg zu schnitzen.

Verbindungstechniken

Verkeilte Verbindung

Verkeilte Verbindungen werden dort eingesetzt, wo ein langes und ein flaches Teil miteinander verbunden werden sollen, zum Beispiel ein Stuhlbein mit dem Sitz des Stuhles. Die Kerbe für den Keil soll nicht tiefer sein als die halbe Dicke des anderen Teiles. Der Keil muß dick genug sein, um das Holz auseinander zu treiben und fest an die Ränder des Loches zu pressen.

Kreuz-Überblattung

Diese Verbindung wird zum kreuzweisen Zusammenfügen von Rahmenteilen verwendet. Exakte Arbeit ist wichtig. An beiden Enden der Kerbe genau senkrecht zur Oberfläche des Holzes mit der Rückensäge einen Einschnitt machen (vorher mit einem gut gespitzten Bleistift oder noch besser mit einem spitzigen Messer markieren), dann mit einem gut geschliffenen flachen Meißel zwischen diesen beiden Einschnitten eine saubere flache Kerbe ausschneiden.

End-Überblattung

Dies ist eine andere Verbindung für Rahmenteile. Die Partien, die aufeinander zu liegen kommen, müssen genau auf die halbe Dicke des Holzes zugeschnitten werden, so daß eine planebene Oberfläche entsteht. Zum Markieren der senkrechten Einschnitte Schreinerwinkel und Messer oder gut gespitzten Bleistift verwenden, zum Markieren der waagrechten Kerbe ein Streichmaß.

Schlitz-und-Zapfen-Verbindung

Dies ist eine der gebräuchlichsten Verbindungen. Sie wird vor allem dort eingesetzt, wo gute Widerstandsfähigkeit und Stabilität erforderlich sind. Schlitz und Zapfen müssen sehr sorgfältig im rechten Winkel geschnitten werden. Ungenaue Winkel ergeben eine wacklige Verbindung, die sich schlecht leimen läßt. Für den Zapfen eine Rückensäge verwenden, für den Schlitz einen flachen Meißel.

Dübelverbindung

Die Dübelverbindung wird verwendet, um rasch und mit möglichst wenig Material eine starke und stabile Verbindung zu erhalten. Die Dübellöcher müssen genau senkrecht zur Oberfläche stehen, und die Dübel müssen genau in die Löcher passen. Der Leim wird mit einem Stäbchen auf das Ende des Dübels gestrichen. Die nebenstehende Abbildung zeigt eine verborgene Dübelverbindung, während bei einigen Projekten in diesem Buch die einfachere Variante gewählt wurde, bei der die Dübel von außen sichtbar sind.

Gefederte Gehrung

Eine einfache Gehrung ist manchmal zu wenig widerstandsfähig. Sie läßt sich durch einen dünnen Holzstreifen, die Feder, verstärken. Mit Meißel oder Oberfräse in die beiden zu verbindenden Flächen einen schmalen Schlitz schneiden, in den die mit Leim bestrichene Feder genau paßt.

Techniken der Endbearbeitung

Vorbereitung

Zunächst müssen alle noch vorhandenen Bleistiftmarkierungen mit dem Gummi ausradiert werden, weil sie sich – besonders bei Weichhölzern – nicht leicht mit Schleifpapier entfernen lassen. Wenn Sie Teile von alten Gegenständen verwenden, dann entfernen Sie alle Farb-, Lack- oder Wachsreste sorgfältig. Gutes Licht und gute Lüftung sind wichtig für die Endbearbeitung. Vorsicht mit brennbaren Materialien!

Werkzeuge

Wählen Sie für jede Arbeit das passende Werkzeug (Elektrowerkzeuge kann man ausleihen). Halten Sie sich in bezug auf Pflege und Instandhaltung der Werkzeuge, vor allem aber Vorsichtsmaßnahmen (Gesichtsmaske, Schutzbrille, Ohrenschutz) unbedingt an die Vorschriften des Herstellers, und verwenden Sie stets, vor allem bei Elektrowerkzeugen, die entsprechenden Schutzvorrichtungen.

Schleifen

Wenn Sie keinen Schwingschleifer zur Verfügung haben, geht es auch mit einem Schleifblock (siehe Seite 137 oben). Meistens wird die Schleifarbeit in mehreren Etappen ausgeführt, indem man mit einem grobkörnigen Schleifpapier beginnt und dann zu immer feineren Körnungen übergeht, bis die Oberfläche glatt genug ist. Um Höhlungen oder andere schwer zugängliche Stellen zu schleifen, wickelt man ein Stück Schleifpapier um ein schmales Werkzeug, zum Beispiel einen Schraubenzieher. Eine gut geschliffene Oberfläche ist vor allem dann wichtig, wenn das Stück nachher nur noch mit Beize oder Wachs behandelt werden soll, so daß die Holzstruktur sichtbar bleibt und ein wesentliches Merkmal des fertigen Gegenstandes bildet.

Holzkitt

Es kommt vor, daß man vor der Endbearbeitung noch da und dort Risse oder andere Fehler im Holz mit Holzkitt ausbessern muß. Es wird soviel Kitt angebracht, daß er etwas aus dem Riß herausragt; dann läßt man ihn gut trocknen und schleift anschließend das überflüssige Material weg, so daß eine vollkommen gleichmäßige Oberfläche entsteht. Wenn der fertige Gegenstand anschließend mit Beize, Farbe, Öl oder Wachs behandelt werden soll, so überzeugen Sie sich, ob sich der Kitt laut den Angaben des Herstellers für diese Behandlung eignet. Es lohnt sich, einen Versuch auf einem Stück Abfallholz zu machen.

Einige der für die Vorbereitung der Oberfläche benötigten Materialien.

Leimen

Nach dem Leimen werden die Teile mit Zwingen zusammengehalten, bis der Leim trocken ist. Die wichtigste Bedingung ist, daß die Verbindung nach dem Leimen vollkommen stillgelegt wird. Ziehen Sie die Zwingen nicht zu stark an; denn dadurch könnte sich das Holz verziehen, oder der Leim wird herausgepreßt, und es bleibt zuwenig Leim auf der Klebefläche. Eine frisch geleimte Verbindung darf nicht sogleich wieder geöffnet werden, weil der Leim sonst kristallisiert und nicht mehr gut haftet. Nicht zuviel Leim anbringen, immer die Anweisungen des Herstellers befolgen.

Versiegeln

Diese Behandlung kann bei Hölzern mit ungleichmäßiger Maserung erforderlich sein, insbesondere bei porösen Harthölzern, weil sonst die Poren die nachher verwendeten Materialien – Farbe oder Beize – in ungleichmäßigen Mengen aufnehmen, so daß eine fleckige Oberfläche entsteht. Nötigenfalls abklären, ob der Versiegler sich mit dem Holzkitt und mit der Farbe oder Beize verträgt.

Bemalen

Eine Endbearbeitung mit Farbe ist sinnvoll, wenn Sie einen bestimmten dekorativen Stil wünschen oder wenn die Holzqualität so ist, daß der fertige Gegenstand mit Bemalung besser aussieht und widerstandsfähiger ist. Wie bei jeder Endbearbeitung ist eine gute Oberflächenbehandlung wichtig. Wählen Sie einen guten Pinsel mit elastischen Haaren. Befolgen Sie die Anweisungen des Farbfabrikanten. Verwenden Sie für Spielsachen oder andere für Kinder bestimmte Gegenstände nur ungiftige Farben.

Antik-Bearbeitung

Es gibt im Handel Antik-Patina, die Ihrem Gegenstand das Aussehen eines viel gebrauchten Lieblings-Spielzeugs verleihen. (Siehe nähere Einzelheiten auf Seite 86.)

Laugen

Mit einer hellen Beize kann man hellfarbiges Holz behandeln, um einen besondern Effekt zu erzielen. (Siehe nähere Einzelheiten auf Seite 42.)

Verdünnter Farbanstrich/Kalken

Ein leicht aufgetragener und halb abgewischter Farbanstrich, der dem Gegenstand den Eindruck der Tiefe verleiht. (Siehe nähere Einzelheiten auf Seite 38.)

Lackieren

Lackieren ist eine der dauerhaftesten Methoden der Endbearbeitung für hölzerne Gegenstände, erfordert aber mehr Zeit und vor allem mehr Geschicklichkeit. Die Lackschicht wird immer auf einer glattgeschliffenen und versiegelten Oberfläche angebracht. Das am häufigsten vorkommende Problem, die Blasenbildung, läßt sich am besten vermeiden, indem man den Lack sehr langsam umrührt und mit ganz leichten, glatten Pinselstrichen aufträgt. Das fertig lackierte Stück in einem staubfreien Raum während der vom Lackhersteller angegebenen Zeit trocknen lassen. Wenn mehrere Schichten aufgetragen werden, kann man den Gegenstand nach dem Trocknen jeder Schicht mit feinem Schleifpapier behandeln, um eine sehr glatte und glänzende Oberfläche zu erhalten. In diesem Fall immer nach dem Schleifen und vor dem Auftragen der nächsten Lackschicht den Staub vorsichtig abwischen.

Chinesischer oder japanischer Lack

Der traditionelle chinesische Lack wird aus dem Saft des Lackbaumes hergestellt; daher der Name. Ein ähnliches Produkt wird in Japan aus dem Saft des Urushibaumes gemacht. In Europa und Amerika werden Lacke aus Harzen und Terpentin hergestellt.

Verwenden Sie für den Farb- oder Lackanstrich immer einen sauberen Pinsel oder Lappen.

Wachsen

Im Handel sind verschiedene Wachsarten erhältlich, in Form von Pasten, Flüssigkeiten und Sprühdosen. Das Wachs wird angebracht, wenn die Farbe oder Beize trocken ist; es dient als Schutzschicht. Achten Sie auf die Angaben des Herstellers und wählen Sie ein Wachs, das sich mit der verwendeten Farbe oder Beize verträgt.

Beizen

Beizen sind gefärbte Flüssigkeiten, mit denen das fertige Stück behandelt wird, um die natürliche Farbe des Holzes zu verändern. Welche Farbe der Gegenstand schließlich haben wird, hängt von der Art des Holzes ab. Verwenden Sie immer einen sauberen Pinsel oder Lappen und befolgen Sie die Weisungen der Herstellers.

Katalog einiger der für Holzarbeiten geeigneten Holzarten

Diese Auswahl zeigt die in allen Projekten des Buches verwendeten Holzarten und einige weitere handelsübliche Arten, die als Alternative in Frage kommen. (Siehe nähere Einzelheiten auf Seite 148.) Wenn Sie im Zweifel sind, welches Holz sich für eine bestimmte Arbeit am besten eignet, fragen Sie im Fachgeschäft nach. Die meisten der hier gezeigten Holzarten oder ähnliche Arten sind im Handel erhältlich.

Amerikanische Esche

Hartholz, grau bis braun, gerade Maserung, grobe Struktur. Verwendung für Werkzeuge, Haushaltgeräte, Griffe, Sportartikel.
Nordamerika, Europa, Japan

Esche

Hartholz, weiß, gerade Maserung mit auffälligen Jahresringen. Verwendung für Sportartikel, Möbel, Griffe.
Europa, Nordamerika, Japan, Australien

Zitterpappel

(Auch Espe oder Aspe); Hartholz, cremefarbig bis hellbeige, gerade Maserung, wollartige Struktur. Verwendung für Streichhölzer und Möbel.
Nordamerika, Europa

Rot-Zeder

Hartholz, blaßrot bis dunkelrot, gerade Maserung, grobe Struktur. Verwendung für Möbel.
Australien, Papua-Neuguinea, Südostasien, Indien

Balsa-Holz

Obwohl sehr leicht und seidig-weich, zählt es zu den Harthölzern. Weiß mit rötlichem Stich, gerade Maserung. Verwendung als Isolationsmaterial und für Modellbau.
Tropisches Amerika, Papua-Neuguinea

Brasilianisches Mahagoni

Hartholz, gelb bis rotbraun, verhältnismäßig feine Struktur, verschiedenartige Maserung. Verwendung für Möbel und Schnitzarbeiten.
Südamerika

Kirschbaum

Dekoratives Hartholz, blaßrosa bis braun, feine Struktur, gerade Maserung. Verwendung für Möbel und Täfelung.
Europa, Asien, Zentralamerika

Rot-Buche

Hartholz, weiß bis hellbraun, feine Struktur, gerade Maserung. Verwendung für Möbel, Treppen, Fußböden.
Europa, Japan, Nordamerika

Japanische Eiche

Hartholz, gelblich-braun, eher grobe Struktur, gerade Maserung. Verwendung für Möbel, Täfelung, Furnier.
Japan

Jelutong

Hartholz, cremefarbig, feine Struktur, gerade Maserung. Verwendung für Schablonen, Schnitzereien, Sperrholz, Türfüllungen.
Malaysia, Indonesien

Bergahorn

Hartholz von hoher Dichte, blaßgelb, feine Struktur, gute Kratzbeständigkeit. Verwendung für Fußböden, Haushaltsgeräte, Musikinstrumente.
Europa, Nordamerika, Japan

Pazifischer Ahorn

Hartholz, blaßgelb bis gelbbraun, gleichmäßige grobe Struktur, vorwiegend gerade Maserung. Verwendung für Möbel und Innenausbau. Indonesien, Philippinen

Rosa Mahagoni

Hartholz, rotbraun, feine, gleichmäßige Struktur, stark verschlungene Maserung. Verwendung für Möbel und Täfelung. Australien

Sen

Hartholz, weiß oder blaß grau-braun, unregelmäßig, mittelfeine Struktur, gerade Maserung. Verwendung für Möbel. Japan

Tasmanische Schwarzholz-Akazie

Hartholz, goldgelb bis schokoladebraun, gerade Maserung, schöner natürlicher Glanz. Verwendung für Möbel. Australien

Walnuß

Hartholz, schwarzbraun bis dunkelviolett, mittelfeine Struktur, gerade bis wellige Maserung. Verwendung für Möbel. Europa, Nord- und Zentralamerika, Australien

Weide

Rasch wachsendes Hartholz, weiß bis rötlich-braun, feine, gleichmäßige Struktur. Verwendung für Holzschuhe und Cricket-Schlaghölzer. Europa, westliches Asien

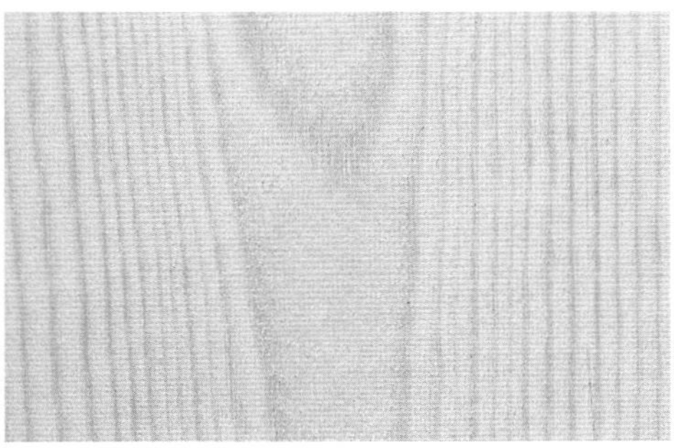

Kiefer

Weichholz, weiß bis hellgelb, mittelfeine Struktur, gerade Maserung. Verwendung für Fußböden, Möbel, Baugerüste. Nordeuropa

Zypressen-Fichte

Weichholz, blaßgelb bis bräunlich, feine Struktur, gerade Maserung. Verwendung für Fußböden und Rahmen. Australien

Kauri-Fichte

Weichholz, feine, regelmäßige Struktur, gerade Maserung. Verwendung für Sperrholz und Möbel. Südostasien, Papua- Neuguinea, Philippinen

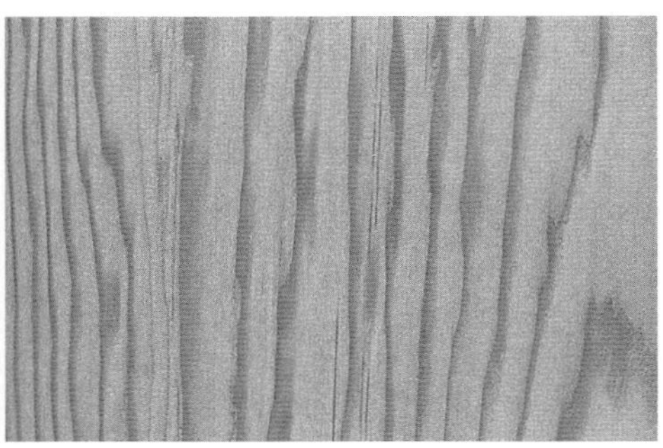

Douglas-Fichte

Weichholz, hell-rotbraun, gerade Maserung, hoher Harzgehalt. Verwendung im Baugewerbe, für Möbel, Fußböden, Sperrholz. Westliches Nordamerika, Zentralamerika, Ostasien

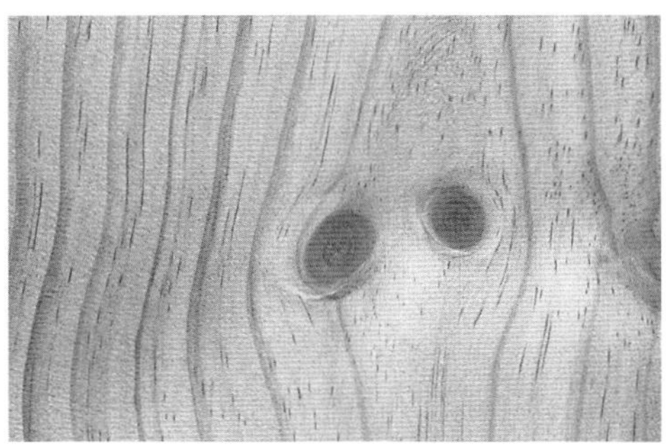

Monterey-Kiefer

Weichholz, blaßgelb, feine, unregelmäßige Struktur, Maserung mit vielen Ästen, Harz und anderen Unregelmäßigkeiten. Verwendung im Baugewerbe, für Möbel und Sperrholz. Nordamerika, Südafrika, Neuseeland, Australien

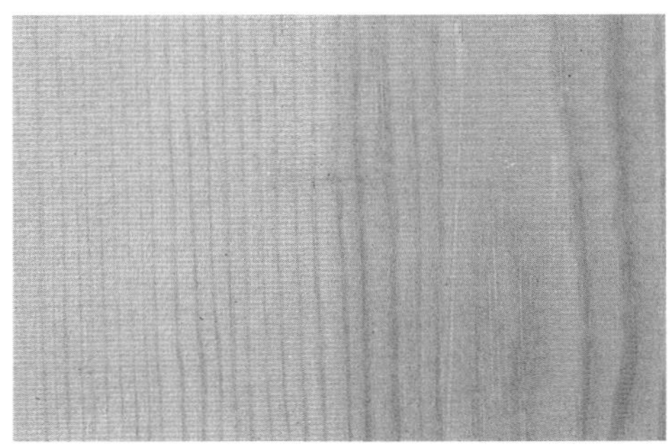

Rot-Kiefer

Weichholz, cremefarbig bis rotbraun, feine Struktur, gerade Maserung. Verwendung für Fußböden und Täfelung. Europa, nördliches Asien

Eigenschaften und Anwendungsmöglichkeiten der Holzarten

Harthölzer	***Gewicht***	***Verarbeitbarkeit***	***Geeignet für folgende Projekte dieses Buches***
Amerikanische Esche	schwer	schwierig	Skandinavischer Stuhl, Japanische Zwischenwand, Wäschetruhe, Brotteigkasten
Esche	mittelschwer	mittelschwierig	Servierbretter, Besteckkasten, Brotteigkasten, Kerzenschachtel
Zitterpappel	leicht	leicht	Schaukelpferd, Mexikanische Sonnenscheibe
Rot-Zeder	mittelschwer	mittelschwierig	Shaker-Kerzenständer, Spiegel und Tisch mit islamischen Mustern, Wäschetruhe
Balsa-Holz	leicht	leicht	Schaukelpferd, Mexikanische Sonnenscheibe
Brasilianisches Mahagoni	mittelschwer	leicht	Brotteigkasten, Kerzenständer, Spiegel und Tisch mit islamischen Mustern, Russische Spielsachen
Kirschbaum	mittelschwer	schwierig	Kerzenständer, Brotteigkasten, Kerzenschachtel, Kerzenhalter, Schmuckkästchen
Rot-Buche	schwer	schwierig	Kerzenschachtel, Kerzenhalter, Schmuckkästchen, Skandinavischer Stuhl
Japanische Eiche	schwer	schwierig	Skandinavischer Stuhl, Zwischenwand, Vorratsschrank, Brotteigkasten
Jelutong	leicht	leicht	Schaukelpferd, Mexikanische Sonnenscheibe
Bergahorn	mittelschwer	schwierig	Kerzenschachtel, Kerzenhalter, Schmuckkästchen, Skandinavischer Stuhl
Pazifischer Ahorn	leicht	leicht	Gleiche Projekte wie Hauptgruppe der Weichhölzer, siehe unten
Rosa Mahagoni	mittelschwer	leicht	Kerzenständer, Skandinavischer Stuhl, Wäschetruhe
Sen	mittelschwer	leicht	Servierbretter, Besteckkasten, Brotteigkasten, Kerzenschachtel
Tasmanische Schwarzholz-Akazie	mittelschwer	leicht	Kerzenständer, Skandinavischer Stuhl, Wäschetruhe, Salontisch, Zwischenwand
Walnuß	schwer	mittelschwierig	Kerzenständer, Skandinavischer Stuhl, Wäschetruhe, Salontisch, Zwischenwand
Weide	leicht	leicht	Schaukelpferd, Mexikanische Sonnenscheibe, Besteckkasten, Kerzenhalter

Weichhölzer			
Kiefer	leicht	leicht	Hängeschrank, Besteckkasten, Traubenkorb, Servierbretter
Zypressen-Fichte	schwer	schwierig	Skandinavischer Stuhl, Wäschetruhe
Kauri-Fichte	leicht	leicht	Spiegel und Tisch mit islamischen Mustern, Brotteigkasten, Skandinavischer Stuhl und Hängeschrank, Traubenkorb, Seitentisch, Schmuckkästchen, Kerzenhalter, Wäschetruhe, Kerzenschachtel, Russische Spielsachen, Servierbretter, Vorratsschrank
Douglas-Fichte	leicht	leicht	
Monterey-Kiefer	leicht	leicht	
Rot-Kiefer	leicht	leicht	

ANMERKUNG

Weil die Abbildungen auf den Seiten 146 –147 aus drucktechnischen Gründen gleich angeordnet werden mußten wie in der australischen Originalausgabe, stehen die Holzarten in der deutschen Ausgabe nicht in alphabetischer Reihenfolge. In der obigen Liste stehen sie in der gleichen Reihenfolge wie auf den Seiten 146 –147.

Verwendung der Schnittlisten

Die Schnittlisten auf den nachfolgenden Seiten geben für jedes der Projekte die genauen Maße der fertig zugeschnittenen Holzteile und die Anzahl gleicher Teile an. Wenn Sie Holz kaufen, wird es natürlich in den meisten Fällen nicht diese Maße aufweisen, muß also auf die richtigen Abmessungen gesägt oder gehobelt werden. Alle Maße sind in mm angegeben, in der Reihenfolge Breite, Dicke, Länge, gefolgt von der Anzahl der Teile.

Ein Beispiel dafür:
100 x 50 x 600 / 2

bedeutet:
Bretter, Breite 100 mm, Dicke 50 mm, Länge 600 mm: 2 Stück.

Amerikanisches Schaukelpferd (S. 12–15)

Bodenbrett

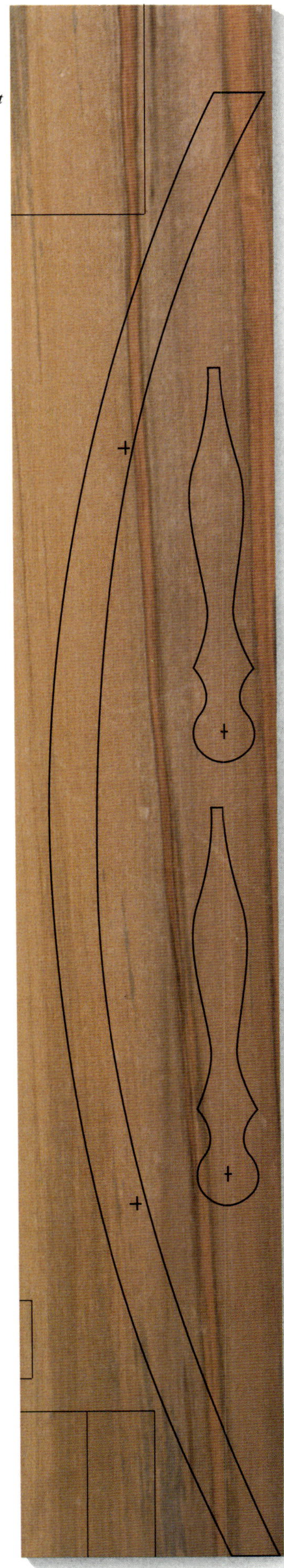

Sattel: 90 x 1 x 120 / 1

Kopf und Hals: 160 x 75 x 38 / 1

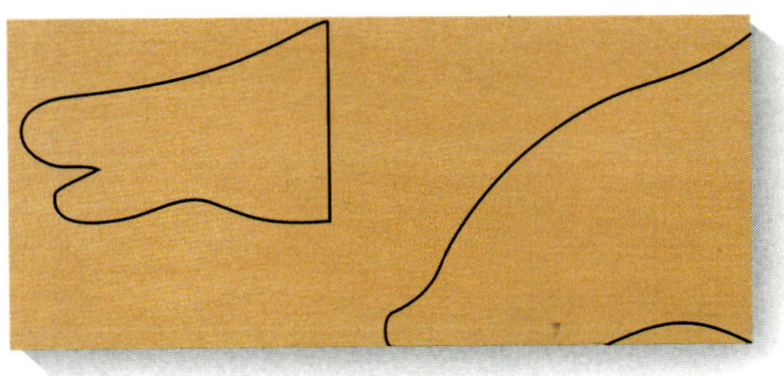

Rumpf: 65 x 50 x 250 / 1

Rückenstütze

Kufen, Beine, Zwischenstücke,
Bodenbrett und Rückenstütze:
100 x 10 x 600 / 2

Zwischenstücke

Amerikanischer Brotteigkasten (Seiten 16–19)

Shaker-Kerzenständer (Seiten 24–27)

Grundplatte:
85 x 5 x 75 / 1

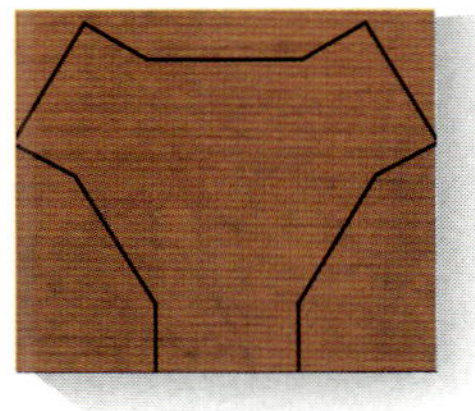

Säule:
75 x 75 x 525 / 1

Tischplatte: 250 x 25 x 500 / 2 (nur die eine Hälfte hier gezeigt)

Zwischenstück: 150 x 25 x 150 / 1

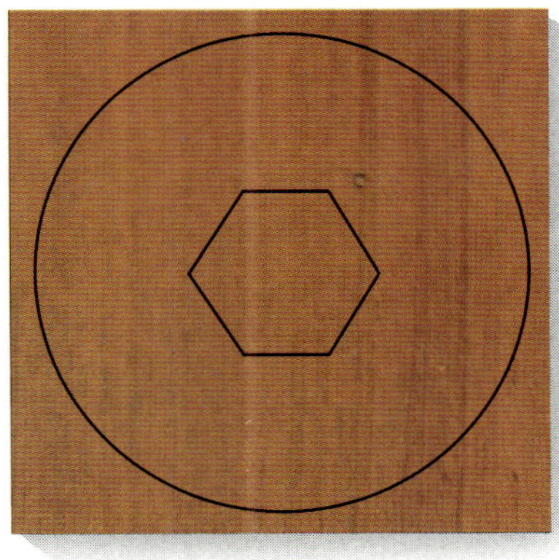

Füße: 140 x 30 x 310 / 3

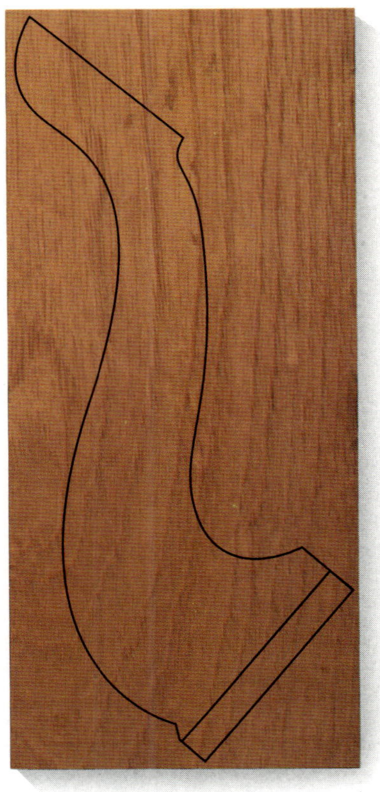

Shaker-Spanschachtel (Seiten 28–31)

Schachtelwand:
85 x 3 x 575 / 1

Äußerer Furnier-
ring des Deckels:
25 x 585 / 1

Innerer Furnier-
ring des Deckels:
8 x 585 / 1

Holzfaserplatten für Boden und Deckel: 140 x 190 / 2

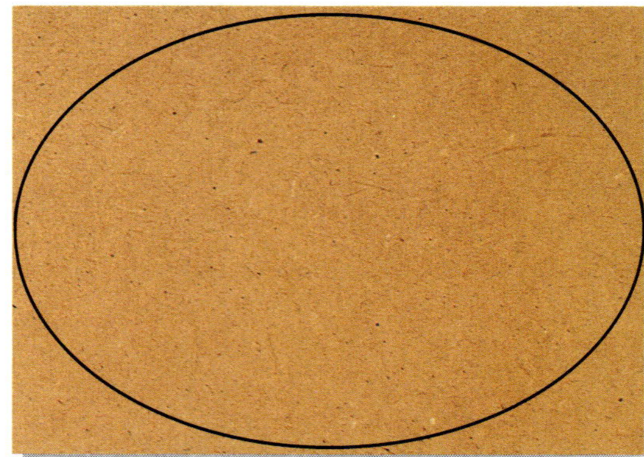

Furnierschichten für Boden und Deckel: 140 x 190 / 4

Schablonen: 140 x 25 x 190 / 1 & 140 x 85 x 190 / 1

Skandinavischer Hängeschrank (Seiten 36–39)

Regalbretter: 100 x 12 x 300 / 2

Querleisten der Türe: 40 x 20 x 265 / 2

Oberstes Brett und Boden: 120 x 20 x 300 / 2

Träger für die Regalbretter: 20 x 12 x 100 / 4

Giebel: 70 x 20 x 345 / 1

Senkrechte Türrahmenteile: 40 x 20 x 450 / 2

Seitenwände: 120 x 20 x 450 / 2

Teile der Rückwand, Kanten mit V-förmigem Profil: 100 x 12 x 420 / 3

Türfüllung: 145 x 10 x 400 / 2 (nur die eine Hälfte hier gezeigt)

Skandinavischer Stuhl (Seiten 40–43)

Anmerkung: Die 6 kleinen Keile zum Befestigen der Rückenlehne und der Beine können aus Holzabfällen gemacht werden.

Beine:
45 x 45 x 2000 / 1

Das obere Ende der Beine

Sitz: 210 x 30 x 450 / 2 (hier sind die zwei miteinander verleimten Teile gezeigt)

Anmerkung: Diese Abbildung zeigt den Sitz von oben. Der Schlitz für die Rückenlehne und die Löcher für die vorderen Beine bilden mit dem Sitz einen Winkel von 80°, die Löcher für die hinteren Beine einen Winkel von 70°; siehe Abbildungen 3 und 4, Seiten 41 und 42.

Stützleisten:
30 x 15 x 150 / 2

Anmerkung: Der Zapfen muß so abgeschrägt werden, daß die Rückenlehne mit dem Sitz hinten einen Winkel von 80° bildet.

Rückenlehne: 210 x 30 x 650 / 1

Französischer Traubenkorb (Seiten 48–49)

Henkel:
20 x 1000 / 1

Längsseiten: 150 x 10 x 450 / 2

Boden: 150 x 10 x 300 / 2

Schmalseiten, unterer Teil:
125 x 10 x 300 / 2

Beide Längskanten auf einen Winkel von 45° abhobeln

Schmalseiten, oberer Teil:
75 x 10 x 300 / 2

Französischer Seitentisch (Seiten 50–53)

Seitliche Zargen:
120 x 25 x 190 / 2

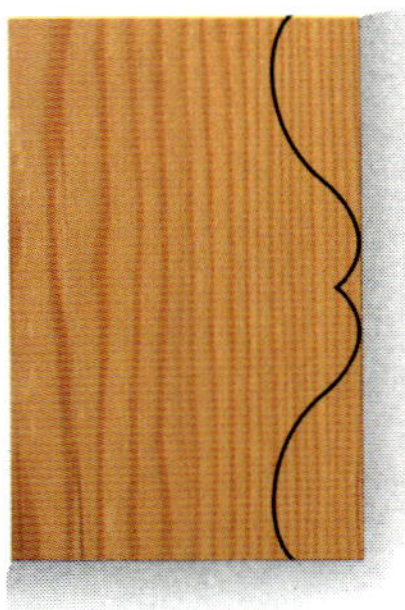

Beine:
65 x 65 x 720 / 4

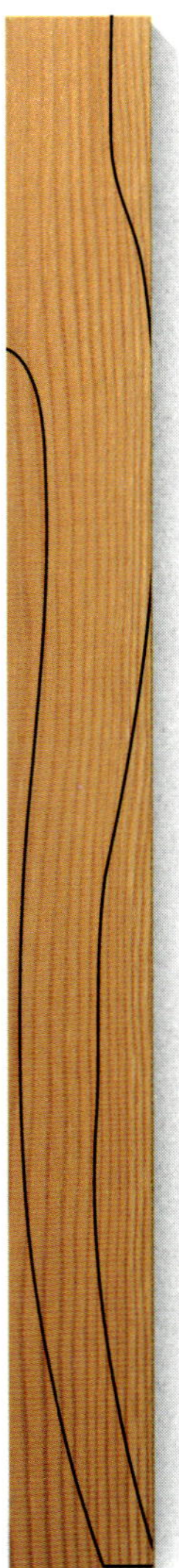

Vordere und hintere Zarge:
120 x 25 x 1000 / 2

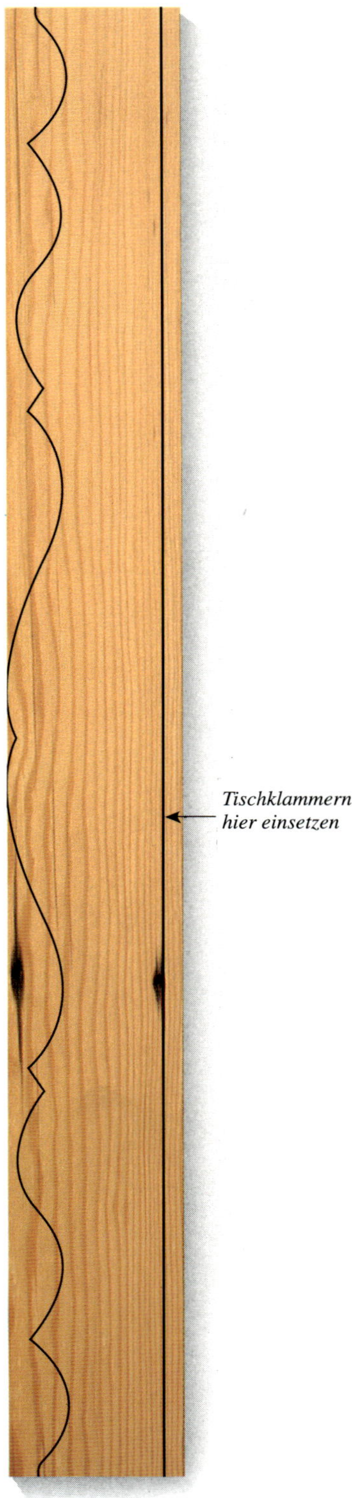

Tischplatte: 360 x 25 x 1200 / 1

Treen-Kerzenhalter (Seiten 58–61)

116 x 12 x 560 / 1

Treen-Schmuckkästchen (Seiten 62–65)

Deckel-Seitenwände, Längs- und Schmalseiten: 20 x 12 x 180 / 2

Schachtel-Seitenwände, Längs- und Schmalseiten: 39 x 12 x 180 / 2

Anmerkung: Diese Abbildungen zeigen je eine Längs- und Schmalseite für die Seitenwände des Deckels und der Schachtel.

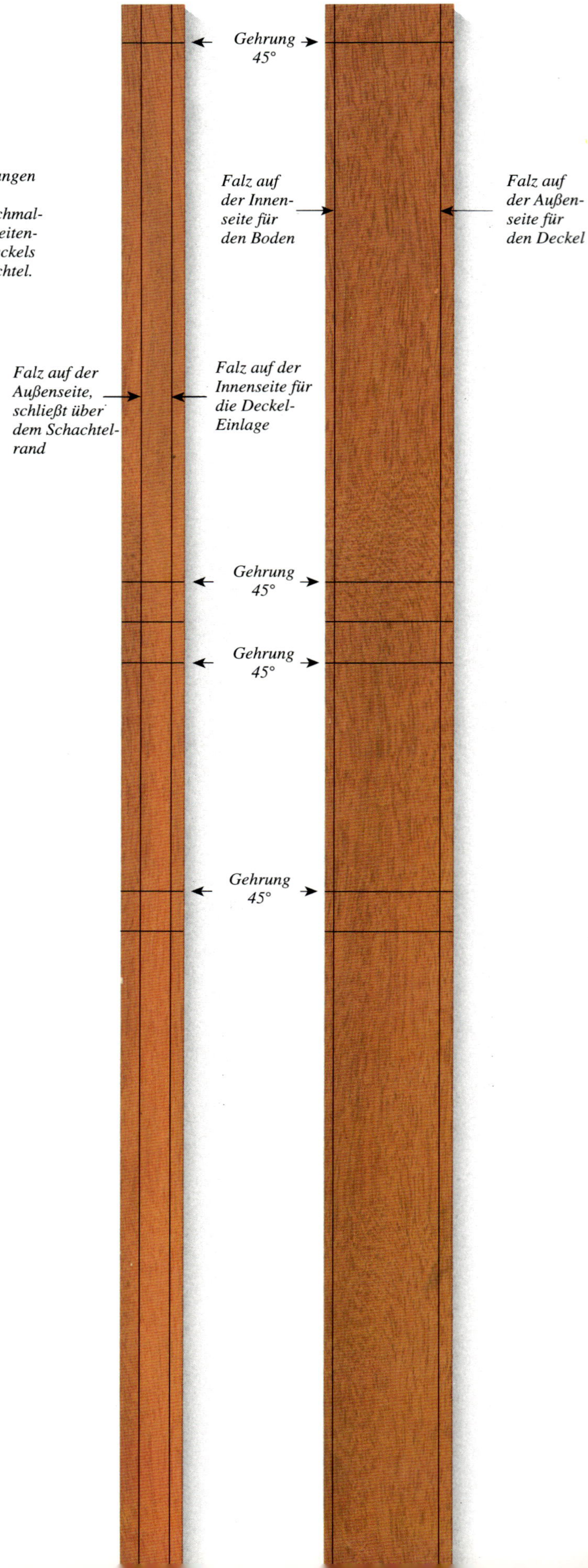

Deckel-Einlage: 80 x 6 x 165 / 1

Boden: 80 x 3 x 165 / 1

Bayrische Wäschetruhe (Seiten 70–73)

Deckel:
130 x 20 x 930 / 4

Vorderwand und Rückwand:
120 x 20 x 890 / 8

Seitenwände: 120 x 20 x 600 / 8
(2 Teile gezeigt)

Leisten:
20 x 20 x 850 / 2

Dübelstab:
8 x 1800 / 2

Boden: 140 x 12 x 440 / 6

Deutsche Kerzenschachtel (Seiten 74–77)

Griff: 126 x 12 x 17 / 1

Anmerkung: Fälze am Griff, am Deckel und am Boden: 6 mm breit, 7,5 mm tief

Deckel und Boden: 124 x 12 x 572 / 1

Deckel und Boden
(Diese beiden Teile sind gleich groß; hier ist der eine Teil in voller Größe gezeigt; der andere Teil würde unten über die Seite hinausragen)

Zugeschnitten für 2 Längs- und 2 Schmalseiten: 100 x 12 x 850 / 1

Alle Rillen und Fälze an den Seitenwänden: 6 x 6 mm

Höhere Schmalseite

Niedrigere Schmalseite
(Schraffierte Partie wegschneiden, um für den Griff Platz zu machen; der Griff kann aus diesem weggeschnittenen Teil gemacht werden)

Längsseite
(Die zweite genau gleiche Längsseite würde unten über die Seite hinausragen)

Russische Holzhacker (Seiten 82–83)

Leisten: 18 x 18 x 325 / 2 (beide hier gezeigt)

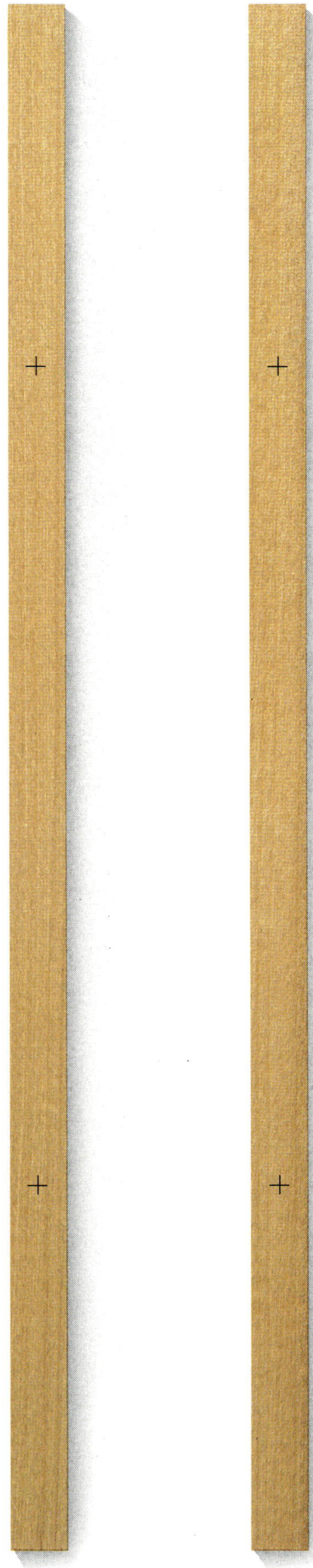

Figuren: 100 x 6 x 400 / 1

Pickende Hühner (Seiten 84–87)

Ei: 41 x 41 x 53 / 1

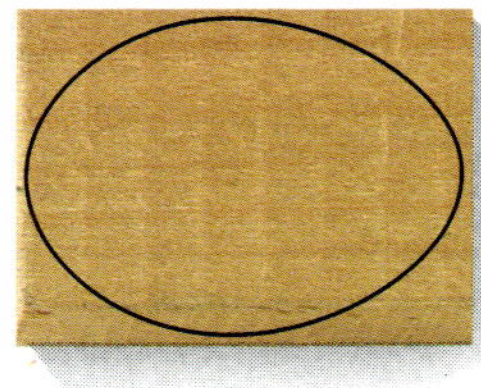

Brett: 180 x 8 x 250 / 1

Figuren: 126 x 6 x 300 / 1

Streifen für Dübel

Mexikanischer Bilderrahmen (Seiten 92–93)

Anmerkung: Hier sind die für unser Projekt verwendeten Holzteile abgebildet. Die Idee ist, daß Sie Ihren Bilderrahmen aus beliebigen alten Holzteilen herstellen sollen, die Sie irgendwo auftreiben und die sich dafür eignen.

Mexikanische Sonnenscheibe (Seiten 94–97)

Sonnenstrahlen: 66 x 25 x 3000 / 1

Sonnenscheibe mit Gesicht: 220 x 20 x 220 / 1

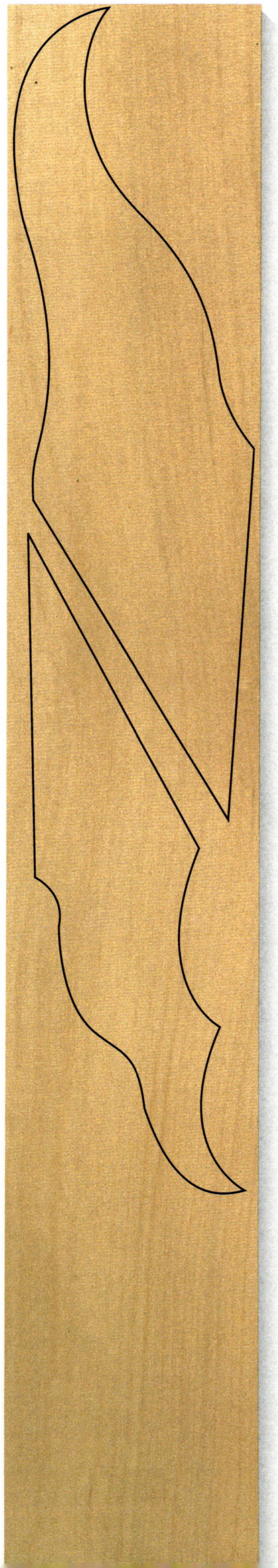

Anmerkung: Es sind 6 kurze und 6 lange Sonnenstrahlen. Am inneren Ende weisen die kurzen Strahlen einen Winkel von 26° auf, die langen einen Winkel von 34°. Die Summe der 12 Winkel beträgt genau 360°, so daß die 12 Strahlen zusammen einen vollständigen Kreis bilden.

Spiegel mit durchbrochener Dekoration (Seiten 102–105)

Dübelstab: 9 x 300

Vorderer Rahmen: 65 x 13 x 500 / 4

Hinterer Rahmen: 80 x 19 x 560 / 4

Gitterwerk: 410 x 13 x 600 / 1

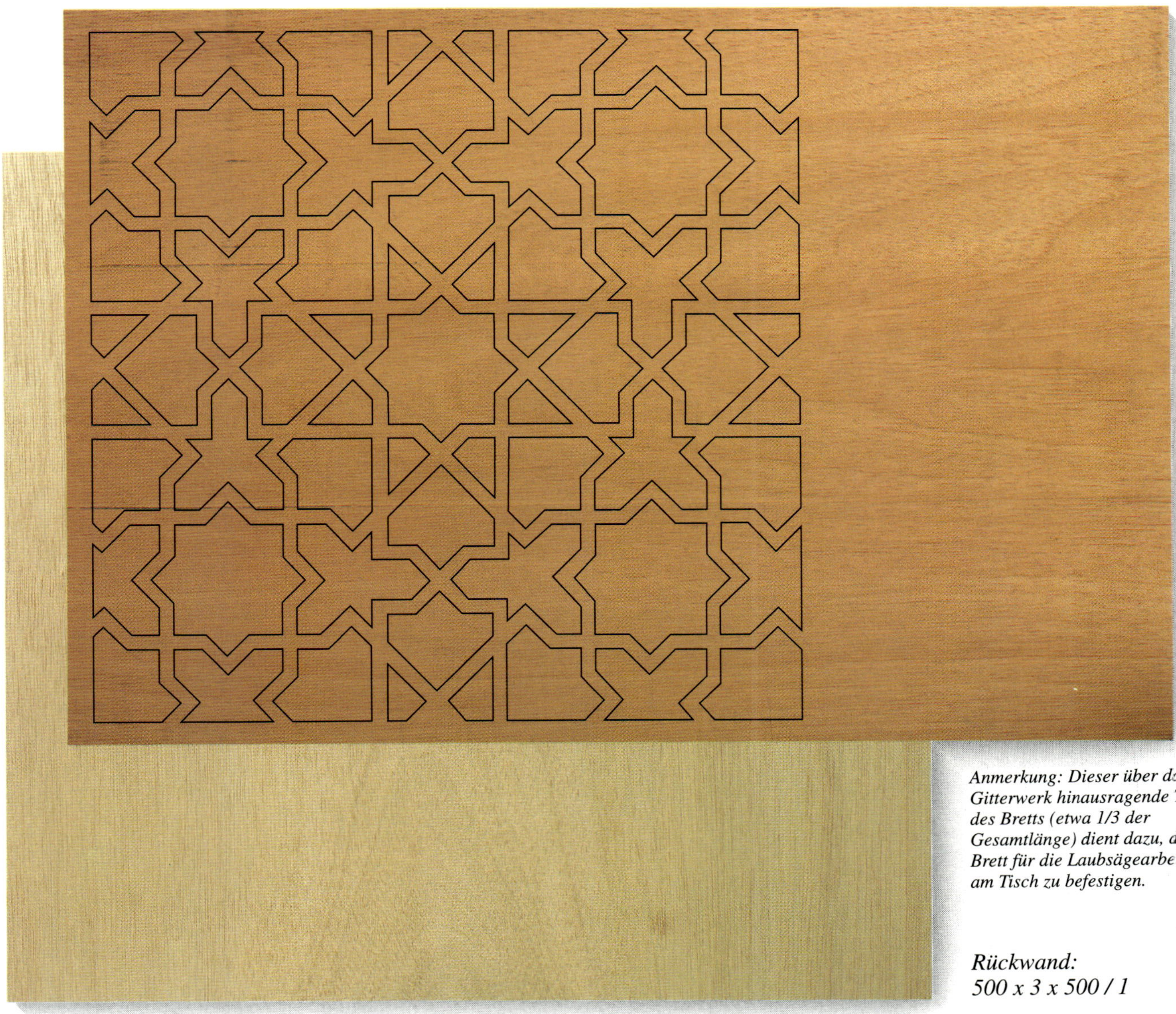

Anmerkung: Dieser über das Gitterwerk hinausragende Teil des Bretts (etwa 1/3 der Gesamtlänge) dient dazu, das Brett für die Laubsägearbeit am Tisch zu befestigen.

Rückwand: 500 x 3 x 500 / 1

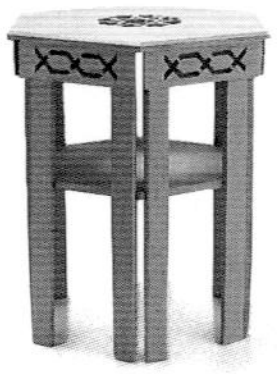

Tisch mit durchbrochener Dekoration (Seiten 106–109)

Rückenplatten der Zargen: 75 x 2 x 240 / 6

Zargen: 80 x 19 x 280 / 6

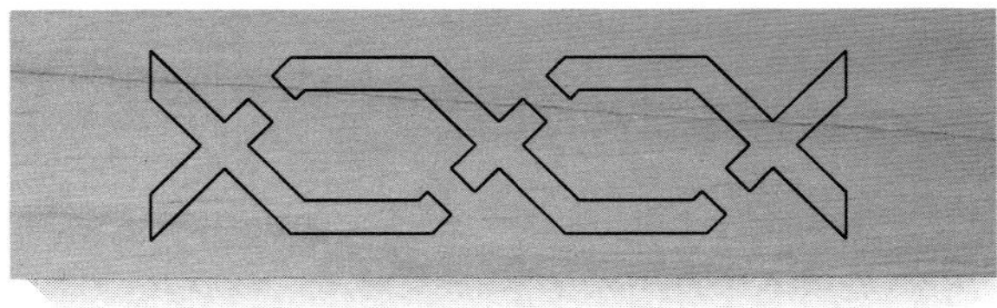

Tischplatte und Zwischenboden: 140 x 19 x 600 / 8
(Für Tischplatte = äußeres Sechseck und Zwischenboden = inneres Sechseck je 4 gleiche Teile miteinander verleimen.)

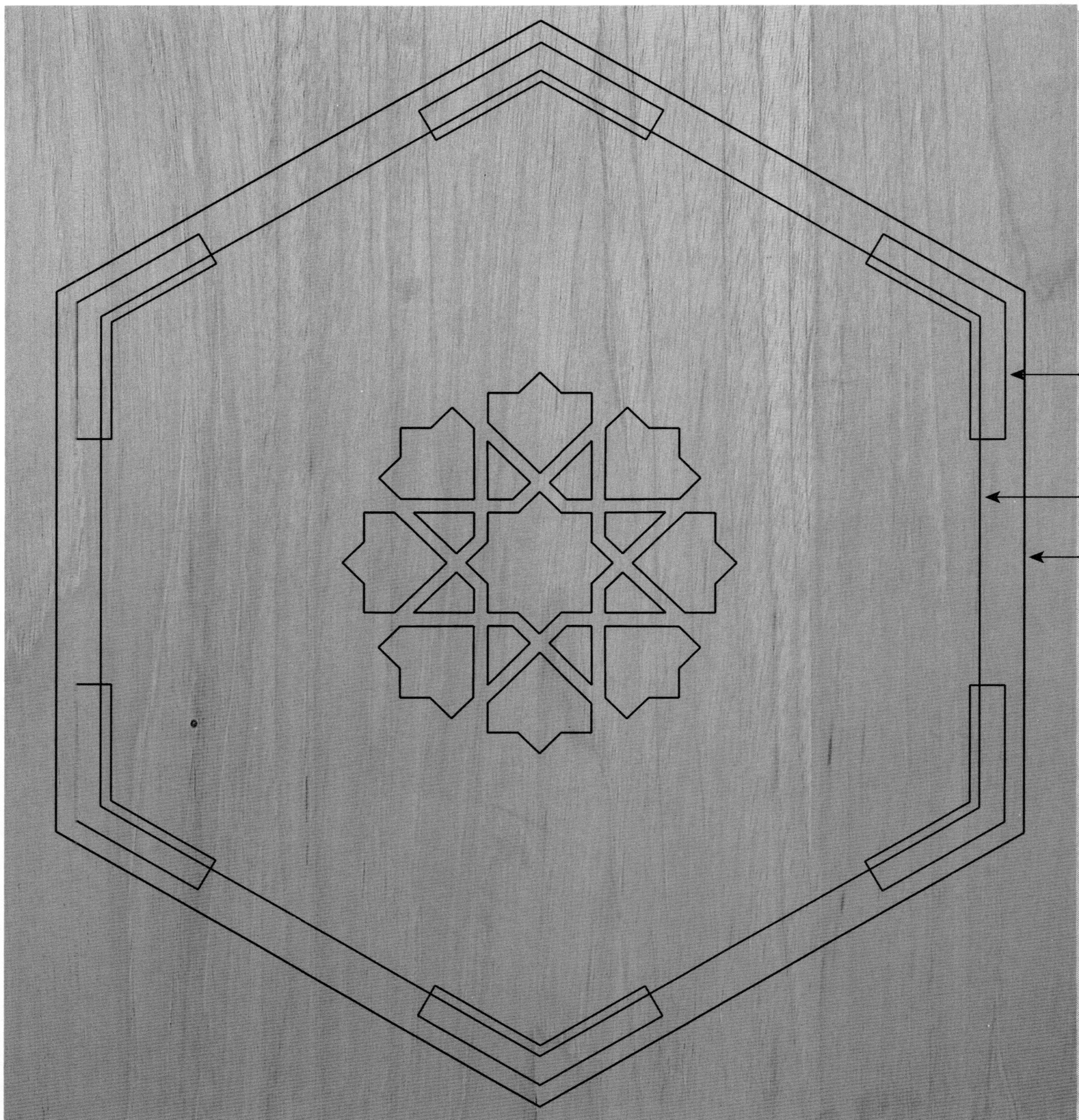

Randleisten: 20 x 20 x 310 / 6

Tischbeine:
50 x 19 x 700 / 12

Japanische Servierbretter (Seiten 114–117)

Boden: 340 x 6 x 340 / 3 (für 3 Servierbretter)

Seitenwände: 45 x 12 x 350 / 12

Japanischer Paravent (Seiten 118–121)

Seitliche Teile des vorderen Rahmens: 50 x 20 x 1650 / 6

Oberer und unterer Teil des vorderen Rahmens: 50 x 20 x 450 / 6

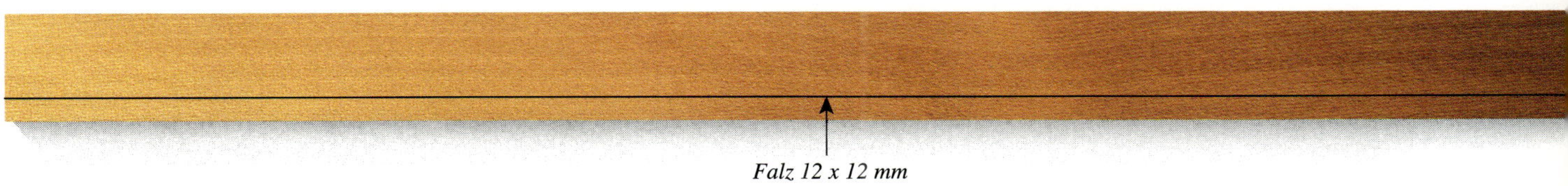

Senkrechte Latten: 12 x 12 x 1650 / 9

Waagrechte Latten: 12 x 12 x 450 / 21

Senkrechte Teile des hinteren Rahmens: 20 x 6 x 1650 / 6

Oberer und unterer Teil des hinteren Rahmens: 20 x 6 x 450 / 6

(Alle Angaben für einen dreiteiligen Paravent)

Vorratsschrank im australischen Kolonialstil (Seiten 126–129)

Riegel: 25 x 15 x 75 / 1

Boden: 40 x 12 x 500 / 1

Boden: 155 x 12 x 500 / 2

Deckel: 100 x 12 x 520 / 1

Deckel: 155 x 12 x 520 / 2

Rückwand des Aufsatzes: 80 x 12 x 500 / 1
Senkrechte Rahmenteile des Möbels (Füße): 50 x 25 x 800 / 4
Seitenwände des Aufsatzes: 80 x 12 x 355 / 2
Querleisten: 25 x 25 x 350 / 2
Senkrechte Rahmenteile der Türe: 50 x 25 x 500 / 2
Seitliche waagrechte Rahmenteile des Möbels: 50 x 25 x 450 / 4
Zwischenboden: 150 x 12 x 450 / 2 und 40 x 12 x 450 / 1
Vordere und hintere waagrechte Rahmenteile des Möbels: 50 x 25 x 400 / 4, und waagrechte Rahmenteile der Türe: 50 x 25 x 400 / 2

Besteckkasten im australischen Kolonialstil (Seiten 130–131)

Schmalseiten: 130 x 12 x 260 / 2 (beide Schmalseiten gezeigt)

Längsseiten: 75 x 12 x 400 / 2

Zwischenwand mit Griff: 125 x 12 x 380 / 1

Boden: 125 x 12 x 380 / 2

Fachwörterverzeichnis

Abschrägung: Eine (beispielsweise mit dem Hobel geformte) nicht rechtwinklig zur Oberfläche des Brettes stehende Kante.

Ädern: Eine vor allem im 18. Jahrhundert beliebte Methode der Bemalung von Gegenständen aus billigem Holz. In eine dicke Farbschicht wurden Muster eingeritzt, um die Maserung einer kostbaren Holzart vorzutäuschen. Auch Marmorieren oder Masern genannt.

Äderungsmeißel: Kleiner Hohlmeißel zum Schnitzen von feinen Linien.

Gekalkter Schrank

Antik-Bearbeitung: Bearbeitung mit einer Farbe und einer speziellen Patina-Farbe, um einem neuen Gegenstand ein „altes" Aussehen zu verleihen.

Armoire (französisch): Großer freistehender Kleiderschrank, ursprünglich aus Frankreich stammend.

Ausfräsen, Ausnuten: Mit einem Schneidewerkzeug, zum Beispiel Hohlmeißel oder Oberfräse, eine Kehle oder Nute bilden.

Beschädigen: Einen Holzgegenstand absichtlich zerkratzen, um ihm das Aussehen eines alten, abgenützten Gegenstandes zu geben.

Blechschere: Schere zum Schneiden von dünn ausgewalztem Metall.

Brandmalerei: Im Holz mit einem glühenden Feuerhaken oder spitzigen Eisenstab eingebrannte Zeichnung; auch Pyrographie genannt.

Brauttruhe siehe Wäschetruhe.

Cabriole (französisch): Geschweiftes oder pfotenförmiges Tisch- oder Stuhlbein.

Clontage (französisch): Verzierung von französischen Stilmöbeln mit dekorativen Kupfer- oder Messingnägeln.

Coffre (französisch): Truhe oder Kommode.

Dübel: Kurzer runder Holzstab, wird in passende Löcher an zwei miteinander verbundenen Holzteilen eingesetzt, um die Verbindung zu verstärken.

Dübelbohrlehre: Hilfsmittel zum Bohren von Dübellöchern im Winkel von genau 90°.

Elektrobohrer: Werkzeug für größere und schwierigere Bohrarbeiten, vor allem mit Hartholz.

Exzenterschleifer: Elektrowerkzeug für den feinen letzten Schliff.

Falz: Nut oder Stufe am Rand eines Brettes, dient entweder zum Einfügen eines anderen Holzteils oder zu rein dekorativen Zwecken.

Fase: Abgeschrägter Rand eines Brettes, meist im Winkel von 45°.

Faserrichtung: Die Richtung der Holzfasern.

Feder: Schmales, dünnes Holzplättchen, das in beiden Teilen einer Gehrungsverbindung in einen Schlitz eingesetzt wird, um die Verbindung zu verstärken, wie mit einem Dübel.

Federal Style: Amerikanischer neuklassizistischer Möbelstil, oft mit einem Adler als Dekoration.

Schwalbenschwanz-Verbindung

Feilen: Werkzeuge für die feinere Endbearbeitung des Holzes. Feilen mit rundem Querschnitt dienen auch zum Erweitern von Löchern. Siehe auch Raspeln.

Festklemmen: Einen Gegenstand zum Bearbeiten mit Klammern oder Zwingen an einer festen Unterlage befestigen.

Figur: Auffallende, durch die Jahresringe gebildete Maserung im Holz.

Finne: Senkrechtes Ornament an einem Stuhl, Bett oder anderem Möbel.

Flachfräsbohrer: Bohreinsatz für Elektrobohrmaschinen zum Bohren von größeren Löchern.

Flachmeißel: Werkzeug zum Herstellen von Holzverbindungen.

Food safe: Australischer Vorratsschrank für Lebensmittel, entweder mit Füßen oder mit einer Aufhängevorrichtung versehen, mit ganz kleinen Lüftungslöchern, bot Schutz vor Ungeziefer.

Fuchsschwanzsäge: Handsäge zum Sägen von großen Brettern.

Furnier: Dünne Deckplatte aus schönem Holz zur Dekoration.

Gehrung: Verbindung zweier Rahmenteile. Bei einer herkömmlichen Gehrung sind beide Teile im Winkel von 45° zugeschnitten und bilden zusammen einen rechten Winkel (90°).

Gehrungslade: Auch Schneidlade, zum Festhalten eines Holzteils beim Sägen mit der Rückensäge, vor allem zum Schneiden von Gehrungen.

Geißfuß: Hohlmeißel mit V-förmigem Querschnitt, auch V-Meißel genannt, zum Schnitzen von Höhlungen (zum Beispiel bei Buchstaben, Figuren und Profilen); andere Hohlmeißel haben einen U-förmigen Querschnitt.

Gitterwerk: Durchbrochene Dekoration in Holz, auch Schnörkelverzierung genannt.

Handbohrer: Werkzeug für kleine und leichte Bohrarbeiten.

Hartholz: Holz von Laubbäumen wie Eiche, Kirschbaum, Ahorn u. a. m. Die meisten Harthölzer haben eine enge Maserung und kleine Poren.

Hobel: Handwerkzeug zum Glatthobeln von großen Flächen und von Kanten.

Hobeln: Ein Brett mit dem Hobel glätten.

Schachtel mit Gitterwerk-Dekoration

Hohlmeißel: Meißel mit U-förmigem oder V-förmigem Querschnitt für Schnitzerarbeiten. Der V-Meißel wird auch Geißfuß genannt. Siehe auch Äderungsmeißel.

Holzfaserplatte: Aus gepreßten und verleimten Holzfasern hergestellte Platte.

Intarsia: Dekorative Einlegearbeit von verschiedenfarbigen Holzarten.

Kalken siehe verdünnter Farbanstrich.

Kastenbett (Lit clos): Eine früher vor allem in der Bretagne gebräuchliche Art Bettstelle.

Klauenhammer: Hammer mit einem abgerundeten Kopf (zum Einschlagen von Nägeln) und einer gebogenen Klaue (zum Herausziehen von Nägeln).

Knoten: Auffallende ringförmige Zeichnung in der Maserung des Holzes, wegen der dekorativen Wirkung beispielsweise für Furnier geschätzt.

Kohlepapier: Auf der Rückseite beschichtetes Papier, u. a. zum Übertragen von Mustern auf das Holz.

Kreuzfinnenhammer: Leichter Hammer, besonders für kleine Nägel, Stifte und Reißzwecke.

Japanische Lackschalen

Kreuzschlitz-Schraubenzieher: Schraubenzieher für Schrauben mit einem kreuzförmigen Schlitz.

Kubbestol: Aus einem einzigen ausgehöhlten Balken hergestellter skandinavischer Stuhl.

Lack (chinesisch und japanisch): Natürlicher Lack, hergestellt aus dem Saft bestimmter Baumarten. Siehe auch Seite 145.

Lack (europäisch und amerikanisch): Aus einem Kunstharz und einem Lösungsmittel bestehender synthetischer Lack.

Laubsäge: Handsäge zum Aussägen von Figuren.

Laugen: Rohes Holz mit einer speziellen hellen Beize „weißen".

Lit clos siehe Kastenbett.

Lösungsmittel: Flüssigkeiten zum Auflösen oder Verdünnen von Farben und Lacken.

Marmorieren siehe Ädern

Maschrabiya: Zwischenwand mit durchbrochener Dekoration (Gitterwerk), in islamischen Ländern beliebt. Andere Schreibweisen: Meschrebiyeh, Moucharaby, Muschrebiyeh usw.

Maserung: Die durch die Jahresringe des Baumes gebildeten Muster im Holz.

Matryuschka: Russische, ineinander geschachtelte Puppen.

Milchfarbe: Aus Magermilch hergestellte Farbe, die nach dem Trocknen einen spröden, abwaschbaren Überzug ergibt. Früher in Amerika recht beliebt.

Netsuke: Japanische Miniaturskulptur aus Holz oder Elfenbein.

Nominalgröße: Die Abmessungen eines Brettes, wie es von der Sägerei geliefert wird, also vor dem Zuschneiden. Siehe auch Zugeschnittenes Holz.

Nut: Schlitz in einem Holzteil, in den ein anderes Holzteil paßt, um die beiden Teile zu verbinden.

Schalen aus Ebenholz mit Brandmalerei

Oberfräse: Elektrowerkzeug zum Schneiden von Nuten, Kehlen und Kanten in Brettern, sei es als Bestandteil einer Verbindung oder zu dekorativen Zwecken.

Paravent: Zusammenklappbarer Wandschirm.

Plinthe: Sockel einer Truhe.

Polster: Zwischen Zwinge und Werkstück gelegtes Brett aus Abfallholz zum Schutz des Werkstückes während der Bearbeitung.

Profilieren: Einem Holzteil mit irgendwelchen Werkzeugen ein Profil geben.

Putzhobel: Hobel mit verstellbarer Klinge (Hobeleisen), zum Glattschneiden und Abrunden von Kanten. Der Putzhobel hat meist zwei Griffe und wird mit beiden Händen bedient.

PVA: Polyvinylacetat; PVA-Leim ist ein klarer, langsam trocknender Leim mit guter Haftwirkung.

Querleiste: Schmale Holzleiste als Stütze, z.B. für einen Zwischenboden.

Raspel: Werkzeug mit geradem oder gebogenem Querschnitt zum groben Bearbeiten von Kanten; siehe auch Feile.

Rocaille (französisch): Muschelverzierung, beliebtes Motiv in französischen Stilmöbeln.

Rosemaling: Traditionelle Malerei der norwegischen Volkskunst, mit Blumen- und Schnörkelverzierungen.

Rückensäge: Handsäge, insbesondere zum Sägen von Gehrungen in der Gehrungslade.

Schellack: Eine spezielle Lackart in einem Lösungsmittel.

Schlägel: Holzhammer (auch Schlegel, Klüpfel oder Knüppel genannt) zur Verwendung in der Holzschnitzerei zusammen mit Meißeln und Hohlmeißeln.

Schleifblock: Um einen Holzklotz gewickeltes Schleifpapier, zum Schleifen von flachen Partien.

Schlitz: Nut (Fuge) in einem Holzteil, in die ein herausragender Teil (Zapfen) eines anderen Holzteils eingefügt wird, um die beiden Teile miteinander zu verbinden.

Schraubzwinge: Werkzeug zum Festhalten von Holzteilen während des Leimens.

Schreinerklüpfel: Hammer (in der Regel aus Holz), zur Verwendung mit flachen Meißeln.

Schmuckdose mit Rosemaling-Dekor

Schreinerwinkel: Werkzeug zum Markieren von Winkeln von 90° und Überprüfen der Winkelgerechtigkeit.

Schwalbenschwanz: Eine dekorative und sehr solide Art der Verbindung von Holzteilen.

Schwalbenschwanz-Überlappung: Die bei Shaker-Spanschachteln übliche überlappende Verbindung mit zwei fingerartigen Enden.

Schwingschleifer: Elektrowerkzeug zum Schleifen von großen flachen Partien.

Seitenpfosten: Senkrechter Rahmenteil, zum Beispiel einer Türe.

Shaker-Spanschachtel: Traditionelle ovale Schachtel aus dünnen Holzspänen oder Furnier, ursprünglich in den Shaker-Gemeinschaften der USA hergestellt. Diese Schachteln sind einerseits berühmt wegen ihrer schlichten Form, andererseits wegen der von großer handwerklicher Geschicklichkeit zeugenden Herstellungsart.

Shoji-Lampe

Shoji: Stil der japanischen Zwischenwände (Paravents) oder Lampen, mit an Holzrahmen befestigtem durchscheinendem Papier.

Sims: Waagrechte Leiste oben auf einem Schrank oder anderem Möbelstück, oft mit einer Verzierung versehen.

Sperrholz: Aus mehreren dünnen, kreuzweise zur Faserrichtung miteinander verleimten Holzschichten bestehende Platte.

Spindel: Holzstab mit rundem Querschnitt, in der Regel auf der Drehbank hergestellt. Wird oft für Stuhl- und Tischbeine und für Stuhlrückenlehnen u. a. m. verwendet.

Spiralbohrer: Standard-Bohrer für hohe Geschwindigkeiten zum Einsatz in Hand- oder Elektrobohrer zum Bohren von Löchern in Holz oder Metall.

Spritzbrett: Senkrechtes Brett hinten auf einem Möbel, zum Beispiel Küchenschrank oder Anrichte, um verschüttete oder verspritzte Flüssigkeiten aufzuhalten.

Stichsäge: Elektrowerkzeug mit schmalem, senkrecht stehenden Sägeblatt, zum Aussägen von gebogenen Formen.

Streichmaß: Werkzeug zum Anreißen (Markieren) von Fälzen, Schlitzen und Zapfen.

Stumpfe Verbindung: Die einfachste Art der Verbindung von Holzteilen, indem die flach zugeschnittenen Teile direkt aufeinander gelegt und mit Nägeln oder Leim verbunden werden.

Treen: Britischer Name für kleine, meistens aus einem Stück bestehende hölzerne Haushaltsartikel.

Verdünnter Farbanstrich: Verfahren, um einem Holzgegenstand ein gebleichtes Aussehen und den Eindruck der Tiefe zu verleihen.

Vergrößern oder Verkleinern: Technik, um ein Muster auf ein anderes Maß zu übertragen, ohne die Größenverhältnisse zu verändern.

V-förmiges Profil: Profil an einer oder mehreren Kanten eines Brettes; Bretter mit solchen Profilen sind bereits fertig erhältlich.

Verleimen: Zwei (oder mehr) Holzteile mit Leim miteinander verbinden, um ein breiteres, dickeres oder stärkeres Stück daraus zu machen.

Versenken: Schraubenkopf versenken, so daß er nicht über die Oberfläche des Brettes herausragt.

Versenkfräser: Spezialbohrer zum Erweitern des oberen Teils eines Schraubenlochs, so daß der Schraubenkopf versenkt werden kann und nicht über die Oberfläche des Brettes herausragt.

Wäschetruhe: Truhe für die zur Aussteuer einer Braut gehörenden Artikel; diese Tradition wurde durch deutsche Einwanderer in Amerika eingeführt.

Schwalbenschwanz-Überlappung

Weichholz: Holz von den meist immergrünen Nadelbäumen oder Koniferen. Das Holz hat eine gröbere Maserung als die Harthölzer, keine Poren, und es ist im allgemeinen leichter zu bearbeiten als die Harthölzer.

Whirligig: In ländlichen Gegenden Amerikas beliebtes, vom Winde getriebenes Spielzeug in vielen Variationen.

Windsor-Stuhl: Holzstuhl mit einer aus runden Stäben bestehenden Rückenlehne und schräg nach außen gerichteten Beinen, ursprünglich aus der englischen Stadt Windsor stammend.

Winkelschmiege: Werkzeug zum Markieren von beliebig großen Winkeln; für 90°-Winkel nimmt man den Schreinerwinkel.

Zapfen: Herausragender Teil an einem Holzteil, der in den Schlitz des damit zu verbindenden anderen Holzteils eingefügt wird.

Zugeschnittenes Holz: Holzbretter, die auf beiden Flächen und an den Kanten glattgehobelt sind, so daß die Abmessungen kleiner sind als die Nominalgröße; siehe auch Nominalgröße.

Zungen-und-Nut-Verbindung: Verbindung von zwei Holzteilen, bei der die Zunge an der Kante des einen Teils genau in eine Nut am anderen Teil paßt.

Zwingen, Schraubzwingen: Werkzeuge zum Festhalten von Holzteilen während des Leimens.

Schlägel und Hohlmeißel

Mitarbeiter dieses Bandes

Neil Alleyn, ein professioneller Holzbearbeiter, wohnt in den Bergen in der Umgebung von Sydney. Er interessiert sich vor allem für die japanische Kunst der Holzbearbeitung, arbeitet aber auch nach einer Vielzahl von anderen Stilen und Methoden.

Pia Bartlett ist eine dänische Holzbearbeitungs-Lehrerin. Sie studierte in Kopenhagen an der Richards-Schule, wo sie die Möbelschreinerei erlernte, und an der Schule für Möbel-Entwurf und Innenarchitektur. Gegenwärtig leitet sie die Holzbearbeitungswerkstätten einer Rudolf-Steiner-Schule.

Kai Broderix hat in Deutschland Meisterdiplome in Schreinerei und Möbelschreinerei erworben. Heute arbeitet er als Entwerfer und Hersteller von handgeschreinerten Möbeln in The Federation Joinery (Bundes-Möbelschreinerei) in Sydney, Australien.

Graham Bull, als Holzschnitzer Autodidakt, unterrichtet diese Kunst in seinem bekannten und erfolgreichen Atelier Whistlewood in Sydney. Eines seiner Spezialgebiete ist die Herstellung von schönen Handwerkzeugen aus Harthölzern der australischen Wüstengebiete.

Jean-Christophe Burckhardt absolvierte ein Kunststudium in Italien und hat heute in Mittagong, Australien, einen Betrieb namens „Wood Made" zur Herstellung von Stilmöbeln und zur Restauration von antiken Möbeln. Seine Spezialität ist der Stil französischer ländlicher Möbel.

Serge Couturier hat große Erfahrung auf dem Gebiet der Dekoration. Seine regelmäßigen Radiovorträge über dieses Thema finden viel Beachtung. Seine Firma „Motif Serge Couturier" widmet sich insbesondere der phantasievollen Endbearbeitung.

Brian Eves ist ein Experte in der Herstellung von Shaker-Gebrauchsgegenständen. Seine Artikel sind sehr gefragt. Er arbeitet an der Nordküste von New South Wales, Australien.

Poul Erik Hvidkjaer ist in Dänemark geboren. Er ist als Holzbearbeiter, Fotograf und Kunst- und Gewerbelehrer tätig.

Thomas Moser ist auf das Gebiet der handwerklichen Möbelschreinerei im Shaker-Stil spezialisiert. Er verwendet mit Vorliebe die widerstandsfähigen amerikanischen Harthölzer und hat für seine Arbeit zahlreiche Preise und Auszeichnungen bekommen.

Yoshinobu Noai hat bei der Japanischen Gesellschaft für Dekorative Kunst im Kyushi-Volkskunstdorf die traditionelle japanische Holzbearbeitung erlernt.

Martina Rienzner studierte nach einer Schreinerlehre bei Franz Zacherl in München am Münchner Institut für Holzbearbeitung. Die Holzarbeiten aus ihrem Geschäft genügen den höchsten Ansprüchen.

Noek Witzand machte seine Berufsausbildung in den Niederlanden und arbeitete später in Norwegen beim Bau von traditionellen hölzernen Booten. Heute stellt er in seinem Betrieb „Red Herring Design" moderne Möbel her.

REGISTER

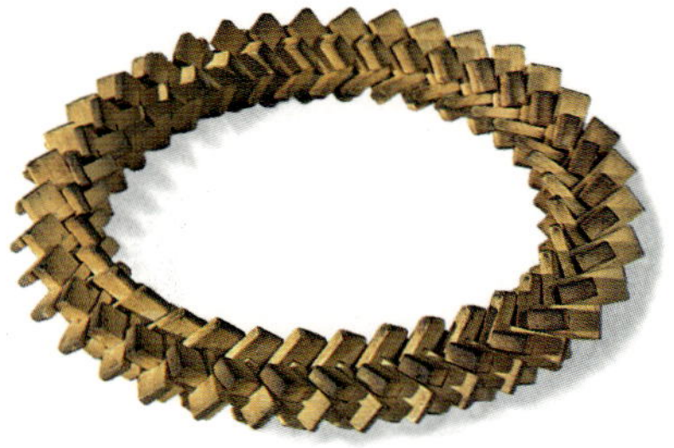

Dank

Die Fotos stellten freundlicherweise zur Verfügung:
Umschlagfoto Adam Bruzzone; S. 2 Thomas Ernsting/Bilderberg; S.6 l. Le Guay/The Photo Library, Sydney; S. 8 Jessie Walker/Australian Picture Library; S. 9 Walter Rawlings/Robert Harding Picture Library; S. 20, 21, 22, 23 Michael Freeman; S. 32 Nystua Bjornstad/Knudsens Fotosenter; S. 32 Oseberg Finds/Knudsens Fotosenter; S. 33 Kuvasuomiky; S. 33 Bengt Olof Olsson/Bildhuset; S. 34 Heddal Stavkirke/Knudsens Fotosenter; S. 35 Treskurd/Knudsens Fotosenter; S. 44 Andreas von Einsiedel/Robert Harding Picture Library; S. 47 The Bridgeman Art Library, London; S. 66 Andrej Reiser/Bilderberg; S. 67 Georg Fischer/Bilderberg; S. 67 Mick Nicholson/The Image Bank; S. 68 Andrej Reiser/Bilderberg; S. 69 Andrej Reiser/Bilderberg; S. 78 Michael S. Thompson/Comstock; S. 88, 89, 91 Ignacio Urquiza; S. 98 Lisl Dennis/The Image Bank; S. 110 Nigel Blythe/Robert Harding Picture Library; S. 122 Emma Schofield; S. 122-123 Geoff Lung/Weldon Trannies; Fotos auf S. 16, 36, 40, 48, 74, 82, 84, 92, 130 von Adam Bruzzone; Fotos auf S. 1, 3, 59, 60, 120, 128, 132, 133, 142-145 und Fotos der Werkzeuge auf S. 17, 37, 51, 59, 71, 85, 93, 103, 107, 119, 127, 136-137 von Andrew Payne; weitere Fotos von André Martin

Die gezeigten Projekte fertigten:
Neil Alleyn: Kerzenhalter S. 58, Schmuckkästchen S. 62, Servierbretter S. 114, Paravent S. 118
Kai Broderix: Spiegel S. 102
Graham Bull: Schaukelpferd S. 12, Brotteigkasten S. 16, Kerzenständer S. 24, Traubenkorb S. 48, Sonnenscheibe S. 94, Vorratsschrank S. 126, Bilderrahmen S. 92
Jean-Christophe Burckhardt: Seitentisch S. 50, Hängeschrank S. 36
Brian Eves: Spanschachtel S. 28
Poul Erik Hvidkjaer: Stuhl S. 40, Holzhacker S. 82, Pickende Hühner S. 84, Besteckkasten S. 130
Martina Rienzner: Wäschetruhe S. 70, Kerzenschachtel S. 74
Noek Witzand: Tisch S. 106

Danken möchten wir außerdem:
Brigitte F. Zinsinger für die Bildbeschaffung, Joe Lucia und Colin Bardill für die Schaubilder mit Einzelteilen, Graham Bull für die Abklärurung von technischen Einzelheiten, Leonie Draper und Gillian Souter für Nachforschungen und Schreibarbeit sowie Peta Nugent insbesondere für die Materiallisten

Ein besonderer Dank gebührt den nachstehend genannten Personen und Firmen, die ihre Fachkenntnisse beigesteuert, Gegenstände leihweise zur Verfügung gestellt und durch Standorte und Materialien für Aufnahmen einen Beitrag geleistet haben:
Pia Bartlett: Hochzeitslöffel S. 33, Butterform und Stuhl S. 34, Vorratsschachtel S. 35, Kranz S. 175
Diana Brandt: Schreibpult S. 68
Graham Bull: Werkzeuge S. 5 und S. 176 und im ganzen Buch
Jean-Christophe Burckhardt: Schränke S. 45 und 46, Tisch S. 46
John Bury: Salzdose S. 56, Butterform S. 55, Schmuckkästchen S. 57
Casa Interiors: Kelim-Kissen S. 106
Fiona Carolyn: Standorte für S. 12, S. 24 und S. 70, Eßwaren S. 130
Chippendale Restorations: Schnitzerei S. 125
Country Furniture Antiques, Balmain: Wiege S.9, Butterform S.45, Scharnier S. 46, Griff und Schnitzerei-Detail S. 47, Standort und Gegenstände S. 54, Rollmodel und Holzschale S. 55, Schlagstock S. 56, Nachttischchen S. 67, Stuhl S. 68
Tom Darby: Kornschaufel S. 21, Stuhl und Knäufe S. 22
Leonie Draper: Shoji-Lampe S. 113
Folk Art Studio: Spanschachtel S. 69, Matryuschka-Puppen S. 80
Home & Garden, Sky Garden Arcade, Sydney: Kerzenständer S. 24, Silberner Kerzenständer S. 62, Leinenwäsche S. 70
Trish Hurst: Whirligig S. 9, Lockvogel S. 10, Windsor-Stuhl S. 10, Whirligig S. 11, Holzpferdchen S. 123, Besteckkasten und Kommode S. 124, Vorratsschrank und Busch-Stuhl S. 125
Interentre Australia: Tierfigur S. 90, Lackarbeit S. 91
Joan Bowers Antiques, Woolloomooloo: Fensterladen S. 99, Dose und Rundbogen S. 100, Tisch, Spiegel und Fensterladen S. 101
Knizhnaya Lavka, Bondi Junction: Ineinander geschachtelte Eier, Junge mit Balalaika und Bär mit Honigtopf S. 80, Karussell S. 81
The Old Ark Antique Market, Chippendale: Brille S. 62, Lampe und Krug S. 126
Potters Agencies, Ultimo: Kreuz und Lebensbaum S. 92, Maracas und Bilderrahmen S. 89, Korb, Kommode und Vögel S. 90, Spiegel S. 102, Laterne S. 106
Sekine Ya, Double Bay: Trinkbecher, Bento-Schachtel und Lampe S. 111, Schachtel, Tafelgeschirr, Servierbrett und Tansu-Kommode S. 112-113
Gillian Souter: Butterform S. 56, Handschuhschachtel S. 57, Hampelmann-Bär S. 79, Bücherstützen S. 81, Sandelholz-Dose S. 99
Special Pieces, Surry Hills: Standort und Gegenstände S. 114 und 118
Stadia Handcrafts, Paddington: Kreuzstich-Arbeiten S. 12
Kevin Weldon: Standorte (Hunter Valley) S. 16, 36, 40, 48, 74
Weldon Owen: Standorte S. 50, 62